高等院校艺术设计类专业
"十三五"案例式规划教材

中文版Illustrator CC 2018
平面设计案例教程

■ 主　编　彭凌玲　段碧丽　王伟欣　赵　娟

U0393315

ART DESIGN

华中科技大学出版社
http://www.hustp.com
中国·武汉

内容提要

本书全面讲解了 Illustrator CC 平面设计。全书共 8 章，内容包括认识 Adobe Illustrator CC、文字特效、填充和描边、绘画系列、图案系列、企业 VI 设计、海报与插画设计、产品包装设计。本书提供了丰富的操作实例，读者通过彩色插图可以看到逼真的矢量图像效果，既方便读者学习操作，也方便教师授课。

图书在版编目 (CIP) 数据

中文版 Illustrator CC 2018 平面设计案例教程 / 彭凌玲等主编.—武汉：华中科技大学出版社，2018.8
高等院校艺术设计类专业"十三五"案例式规划教材
ISBN 978-7-5680-4188-1

Ⅰ.①中…　Ⅱ.①彭…　Ⅲ.①平面设计－图形软件－高等学校－教材　Ⅳ.① TP391.412

中国版本图书馆CIP数据核字(2018)第172448号

中文版 Illustrator CC 2018 平面设计案例教程　　　　　　　彭凌玲　段碧丽
Zhongwenban Illustrator CC 2018 Pingmian Sheji Anli Jiaocheng　　王伟欣　赵娟　　主编

策划编辑：　金　紫
责任编辑：　周怡露
封面设计：　原色设计
责任校对：　马燕红
责任监印：　朱　玢
出版发行：　华中科技大学出版社 (中国·武汉)　　电话：(027)81321913
　　　　　　武汉市东湖新技术开发区华工科技园　　邮编：430223
录　　排：　华中科技大学惠友文印中心
印　　刷：　湖北新华印务有限公司
开　　本：　880mm×1194mm　1/16
印　　张：　12
字　　数：　270 千字
版　　次：　2018 年 8 月第 1 版第 1 次印刷
定　　价：　69.80 元

编 委 会

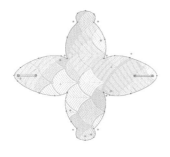

前言
Preface

　　Illustrator CC 2018（本书简称 Illustrator CC）是 Adobe 公司推出的一款专业的矢量绘图软件，能够满足各行各业对于矢量图形的处理需求。它具有强大的图像绘制与图文编辑功能，在平面设计、插画创作、卡通设计、影视包装、网站设计等领域应用非常广泛。Illustrator CC 还进一步优化了在图形绘制方面的功能，可以使设计师更加高效地完成设计。

　　由于编者的经验和学识有限，虽然在编写过程中尽心尽力，但难免有疏漏之处，敬请广大专家、学者批评指正。

编　者
2018 年 6 月

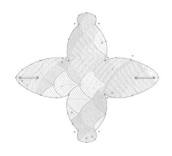

目录
Contents

第一章
认识 Adobe Illustrator CC

Adobe Illustrator CC 是 Adobe 公司推出的矢量图形制作软件,该软件应用于印刷出版、多媒体图像处理、专业插画和网页制作等领域。它具有强大的操作功能和友好的用户界面,因此占据了全球矢量编辑软件中的大部分份额,受到全球设计师的青睐。

第一节 Illustrator CC 的安装与卸载

一、Illustrator CC 的安装

首先介绍 Illustrator CC 的下载和安装方法,用户首先需要注册 Creative Cloud 会员,之后可以下载 Illustrator CC 7 天免费试用版。如果要下载和使用 Illustrator CC 的完整版本,可升级至完整的会员(需要付费)。

操作步骤如下。

①步骤 1。

登入 Adobe 网站(http://www.adobe.com/)。单击【登入】按钮,如图 1–1 所示。

②步骤 2。

在图 1–2 所示的对话框中输入邮箱、密码等信息,然后单击【登入】按钮,没有账号的用户点击【取得 Adobe ID】按钮注册账号,如图 1–3 所示。

③步骤 3。

完成注册后,界面会返回至下载界面。单击【免费试用】按钮,如图 1–4 所示,会弹出 Illustrator CC 的安装窗口,点击【继续】,如图 1–5 所示,窗口顶部和软件图标右侧都会显示安装进度。

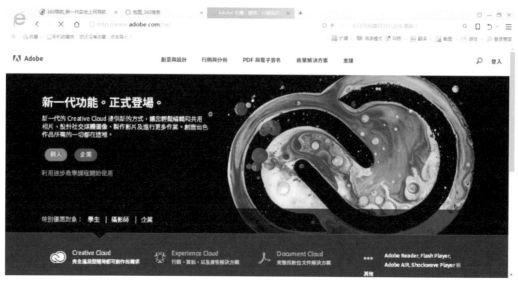

图 1-1　Adobe 界面

图 1-2　登入界面

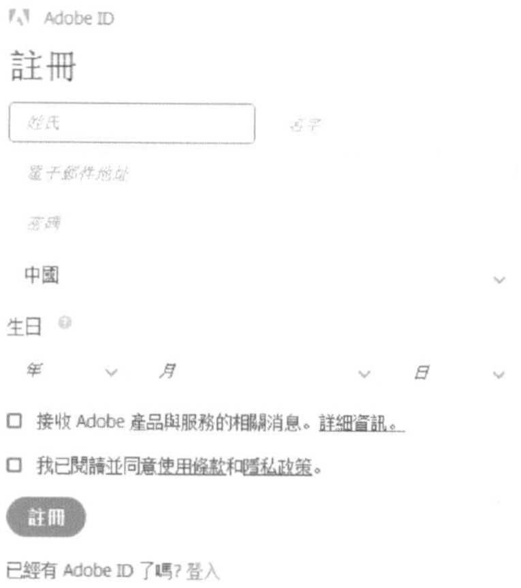

图 1-3　注册界面

图 1-4　下载界面

④步骤 4。

完成安装后，在 Windows 开始菜单中找到 Illustrator CC 程序并运行，如图 1–6 所示。

图 1–5 安装窗口 　　　　　　　　　图 1–6 程序对话框

第一次运行 Illustrator CC 程序时，会弹出一个对话框，单击【登录】按钮，窗口中会显示当前安装的是 Illustrator CC 7 天免费试用版，单击【开始试用】按钮正式运行该程序。如图 1–7 所示为 Illustrator CC 的启动画面。

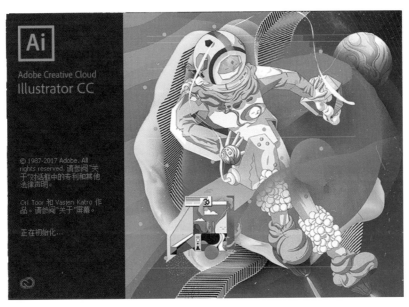

图 1–7 Illustrator CC 的启动画面

二、Illustrator CC 的卸载

卸载步骤如下。

①步骤 1。

打开 Windows 菜单，选择【控制面板】命令，如图 1-8 所示。打开【控制面板】窗口，单击【卸载程序】命令，如图 1-9 所示。

图 1-8　Windows 菜单

图 1-9　卸载程序

②步骤 2。

在弹出的对话框中选择 Illustrator CC，然后单击【卸载】命令，如图 1-10 所示。

图 1-10　卸载

③步骤 3。

弹出【Illustrator CC 首选项】对话框，如图 1-11 所示，单击【是，确定删除】按钮即可卸载软件。如果要取消卸载，可单击【否，请保留】按钮。

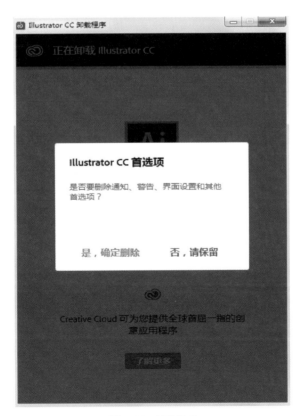

图 1-11　卸载选项

第二节　熟悉 Illustrator CC 界面

运行 Illustrator CC 后，执行【文件】→【打开】命令，打开一个文件，如图 1–12 所示，Illustrator CC 的工作界面由标题栏、菜单栏、工具面板、状态栏、文档窗口、面板和控制面板等组件构成。

图 1–12　文件界面

◇标题栏：显示了当前文档的名称、视图比例和颜色模式等信息。

◇菜单栏：菜单栏用于组织菜单内的命令。Illustrator 有 9 个主菜单，每一个菜单中都包含不同类型的命令。

◇工具面板：包含用于创建和编辑图像、图稿和页面元素的工具。

◇控制面板：显示当前工作区域所使用的工具、画板名称、缩放比例等。控制面板会随着所选工具的不同而改变选项。

◇面板：用于配合编辑图稿，设置工具参数和选项。很多面板都有菜单，包含该面板的特定选项。面板可以编组、堆叠和停放。

◇状态栏：可以显示当前使用的工具、日期和时间以及还原次数等信息。

◇文档窗口：编辑和显示图稿的区域。

第三节　首选项设置

在 Illustrator CC 中，用户可以通过【首选项】命令，对软件的各种参数进行设置，从而更加方便、快速地应用绘制。选择菜单栏中的【编辑】→【首选项】命令，可以打开【首选项】的子菜单。在该子菜单中，用户选择需要设置的参数来打开【首选项】对话框中的相应选项，在打开的【首选项】对话框中设置相应的工作环境参数。

一、常规

选择【编辑】→【首选项】→【常规】命令，或按【Ctrl+K 键】，打开【首选项】
对话框中的【常规】选项，如图 1-13 所示。

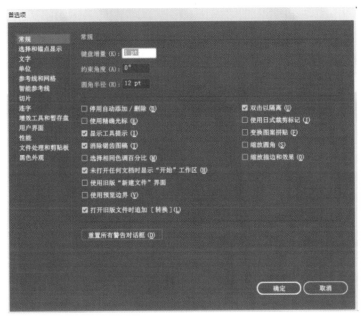

图 1-13　选择常规项

二、选择和锚点显示预置

【选择和锚点显示预置】选项用于设置选择的容差和锚点的显示效果，选择【编
辑】→【首选项】→【选择和锚点显示预置】命令，即可打开【首选项】对话框中的【选
择和锚点显示预置】选项，如图 1-14 所示。

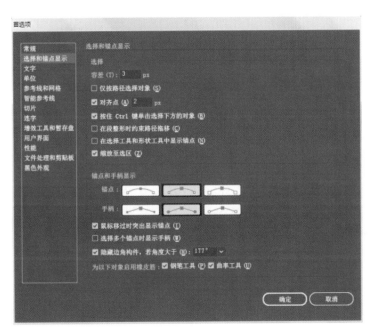

图 1-14　【选择和锚点显示预置】选项

三、文字

选择【编辑】→【首选项】→【文字】命令，系统将打开【首选项】对话框的【文字】选项，如图 1-15 所示。

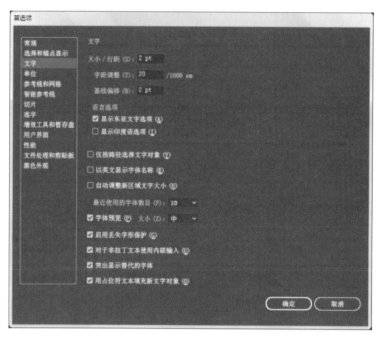

图 1-15 【文字】选项

四、单位

选择【编辑】→【首选项】→【单位】命令，即可打开【首选项】对话框中的【单位】选项。【单位】选项用于设置图形的显示单位和性能，如图 1-16 所示。

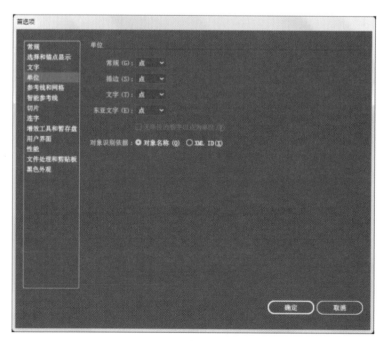

图 1-16 【单位】选项

五、参考线和网格

选择【编辑】→【首选项】→【参考线和网格】命令，即可打开【首选项】对话框中的【参考线和网格】选项。【参考线和网格】选项用于设置参考线和网格的颜色和样式，如图 1–17 所示。

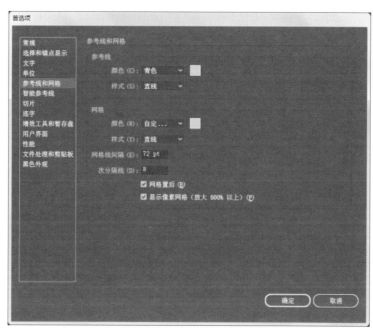

图 1-17　【参考线和网格】选项

六、智能参考线

选择【编辑】→【首选项】→【智能参考线】命令，即可打开【首选项】对话框中的【智能参考线】选项，如图 1–18 所示。

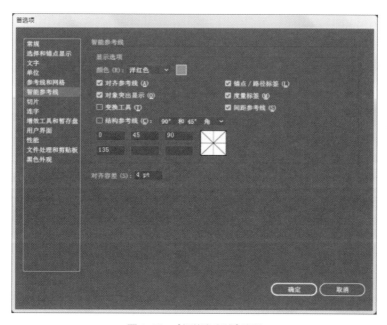

图 1-18　【智能参考线】选项

七、切片

选择【编辑】→【首选项】→【切片】命令，即可打开【首选项】对话框中的【切片】选项。【切片】选项主要用于网络图片输出，如图 1–19 所示。

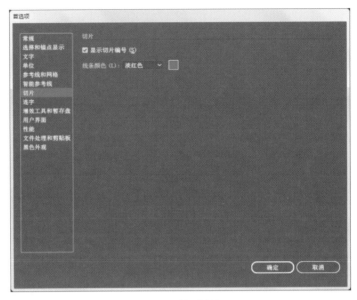

图 1–19 【切片】选项

八、词典和连字

使用字母时经常会用到连字符，因为有些单词过长，在一行的末尾放置不下，若整个单词放置到下一行，则可能造成一段文字右边参差不齐且很不美观。如果使用连字符，则可以改善这一情况。选择【编辑】→【首选项】→【词典和连字】命令，即可打开【词典和连字】选项，如图 1–20 所示。

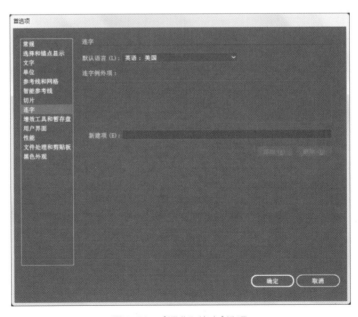

图 1–20 【词典和连字】选项

九、增效工具和暂存盘

选择【编辑】→【首选项】→【增效工具和暂存盘】命令，即可打开【首选项】对话框中的【增效工具和暂存盘】选项。【增效工具和暂存盘】选项用于提高工作效率，以及用于文件的暂存盘设置，如图 1-21 所示。

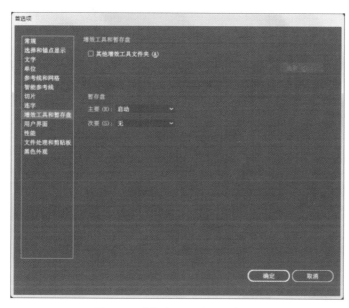

图 1-21　【增效工具和暂存盘】选项

十、用户界面

选择【编辑】→【首选项】→【用户界面】命令，即可打开【首选项】对话框中的【用户界面】选项。【用户界面】选项用于设置用户界面的颜色深浅，用户可以根据自己的喜好进行设置。用户可以通过拖动【亮度】右侧的滑块来调整用户界面的颜色深浅，如图 1-22 所示。

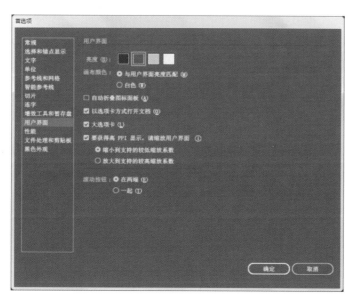

图 1-22　【用户界面】选项

十一、性能

选择【编辑】→【首选项】→【性能】命令，即可打开【首选项】对话框中的【性能】选项，如图 1–23 所示。

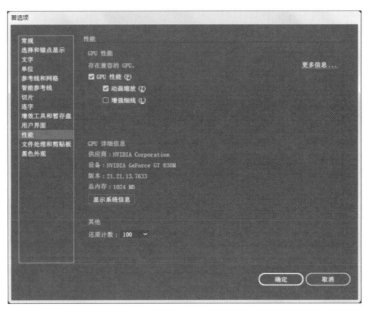

图 1-23 【性能】选项

十二、文件处理与剪贴板

选择【编辑】→【首选项】→【文件处理与剪贴板】命令，即可打开【首选项】对话框中的【文件处理与剪贴板】选项。【文件处理与剪贴板】选项用于设置文件和剪贴板的处理方式，如图 1–24 所示。

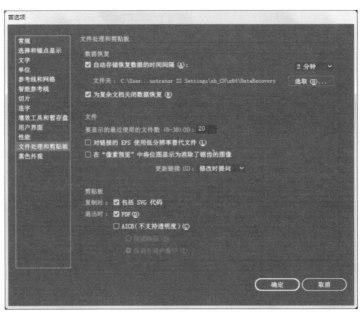

图 1-24 【文件处理与剪贴板】选项

十三、黑色外观

选择【编辑】→【首选项】→【黑色外观】命令，即可打开【首选项】对话框中的【黑色外观】选项，如图 1–25 所示。

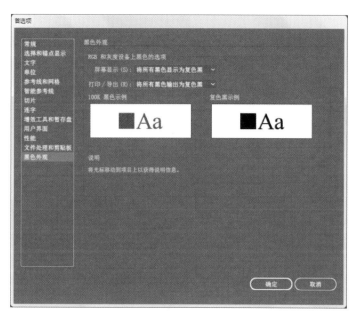

图 1–25　【黑色外观】选项

第四节　图像类型

在计算机中，图像都是以数字的方式进行记录和存储的。图像记录和存储的类型大致可以分为矢量图像和位图图像两种。这两种图像类型有着各自的特点，在处理图像文件时经常会交叉使用。

一、矢量图像

矢量图像也可以叫作向量图像。它是以数学式的方法记录图像的内容。矢量图像记录的内容以线条和色块为主，由于记录的内容比较少，不需要记录图像中每一个点的颜色和位置等，所以文件容量比较小，很容易对这类图像进行放大、旋转等操作，且不易失真，精确度较高，所以在一些专业的图形软件中应用较多，如图 1–26 所示。

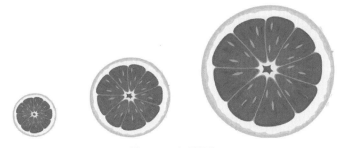

图 1–26　矢量图像

二、位图图像

位图图像是由许多点组成的，其中每一个点即为一个像素，而每一像素都有明确的颜色。位图图像与分辨率有着密切的关系。如果位图图像在屏幕上以较大的倍数放大显示，或以过低的分辨率进行打印，图像会出现锯齿状的边缘，丢失画面细节。但是，位图图像弥补了矢量图像的某些缺陷，它能够制作出颜色和色调变化更为丰富的图像，同时可以在不同的软件之间进行交换，但位图图像文件容量较大，对内存和硬盘的要求较高，如图 1–27 所示。

图 1–27　位图图像

第五节　颜色模式

颜色模式决定了用于显示和打印所处理的图稿的颜色方法。因此，选择某种特定的颜色模式，就等于选用了某种特定的颜色模型。在 Illustrator CC 中常用的颜色模式有 RGB 模式、CMYK 模式、HSB 模式、灰度模式和 Web 安全模式。

一、RGB 模式

RGB 色彩就是常说的三原色，R 代表 Red（红色），G 代表 Green（绿色），B 代表 Blue（蓝色），如图 1–28 所示。自然界中人眼所能看到的任何色彩都可以由这三种色彩混合叠加而成，因此 RGB 模式也称为加色模式。RGB 色彩广泛应用于我们的生活中，如电视机显示屏、计算机显示屏、幻灯片等都是采用这种模式。

使用 RGB 颜色模式可以处理颜色值。计算机定义颜色时 R、G、B 三种成分的取值范围是 0（黑色）～ 255（白色），当三种成分值相等时，产生灰色，如图 1–29 所示。当所有成分的值均为 255 时，显示结果为纯白色，如图 1–30 所示。当所有成分的值均为 0 时，显示结果为黑色，如图 1–31 所示。

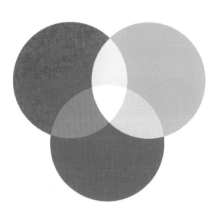

图 1-28　RGB 色彩

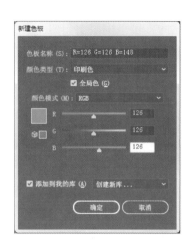

图 1-29　灰色

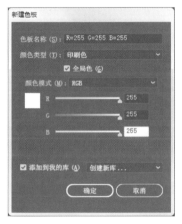

图 1-30　纯白色

图 1-31　黑色

二、CMYK 模式

　　CMYK 模式是一种依靠反光的色彩模式。当阳光照射到一个物体上时，这个物体将吸收一部分光线，并将剩下的光线进行反射，反射的光线就是我们所看见的物体颜色。这是一种减色色彩模式，在纸上印刷时应用的就是这种减色模式。CMYK 中，C 代表青色（cyan），M 代表洋红色（magenta），Y 代表黄色（yellow），K 代表黑色（black），如图 1-32 所示。

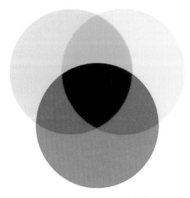

图 1-32　CMYK 模式

使用 CMYK 颜色模式也可以处理颜色值。每种油墨可使用从 0% ～ 100% 的值，低油墨百分比更接近白色，如图 1-33 所示；高油墨百分比更接近黑色，如图 1-34 所示。将这些油墨混合重现颜色的过程为四色印刷。如果图稿要用于印刷，应使用该颜色模式。

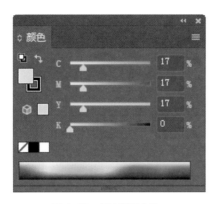 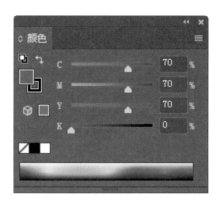

图 1-33　低油墨百分比　　　　　　　　图 1-34　高油墨百分比

三、HSB 模式

HSB 模式以人类对颜色的感觉为基础，描述了颜色的三种基本特性：色相（hue）、饱和度（saturation）、明度（brightness），如图 1-35 所示。色相是反射自物体或投射自物体的颜色。色相是色彩的首要特征，是区别各种色彩的最明确的标准。

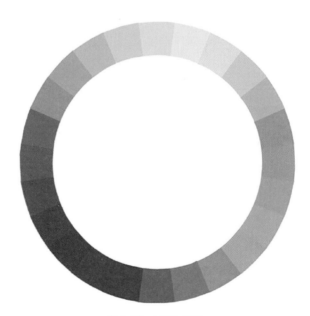

图 1-35　HSB 模式

饱和度又称为彩度，是指色彩的纯度或强度。饱和度表示色相中灰色所占的比例，它使用从 0%（灰色）至 100%（完全饱和）的百分比来度量，如图 1-36 和图 1-37 所示。在标准色轮上，饱和度从中心到边缘递增。

明度是指色彩的明暗、深浅程度，每一种颜色都有明度。它用从 0%（黑色）至 100%（白色）的百分比来度量，如图 1-38 和图 1-39 所示。

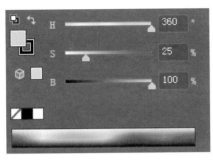

图 1-36　低饱和度

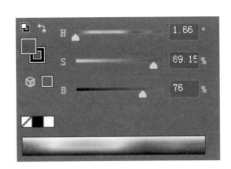

图 1-37　高饱和度

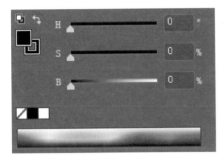

图 1-38　低明度

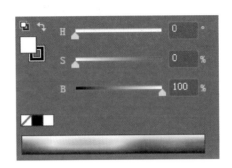

图 1-39　高明度

四、灰度模式

灰度模式使用黑色调表示物体，如图 1-40 所示。每个灰度对象都具有从 0%（白色）至 100%（黑色）的亮度值。灰度模式用于将彩色图像转为高品质的黑白图像。

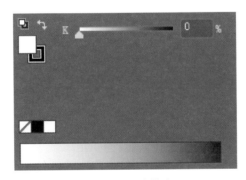

图 1-40　灰度模式

五、Web 安全模式

选择 Web 安全模式后，色域中只显示 Web 安全色，如图 1-41 所示，此时选择的任何颜色都是 Web 安全颜色。如果图稿要用于网络，可以在这种状态下调整颜色。

Web 安全颜色是浏览器使用的 216 种颜色。如果当前选择的颜色不能在网上准确显示，就会出现非 Web 安全警告。单击警告图标或它下面的颜色块，可以用颜色块中的颜色（提供的与当前颜色最为接近的 Web 安全颜色）替换当前颜色，如图 1-42 和图 1-43 所示。

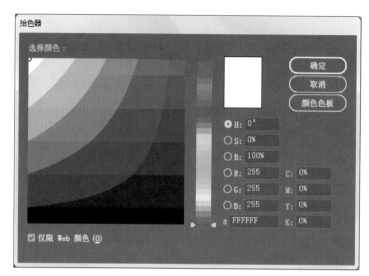

图 1-41　Web 安全模式

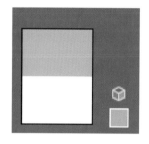

图 1-42　非 Web 安全警告

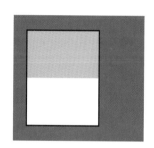

图 1-43　颜色替换

第六节　浏 览 图 像

编辑图稿时，选择合理的查看方式可以更好地对图像进行浏览或编辑。查看图像的方式有多种，用户可以通过【缩放】工具、【抓手】工具或【导航器】面板进行查看，用户可以根据需要选择其中的一项，也可以结合使用。

单击工具面板底部的【切换屏幕】按钮，可以显示一组屏幕模式命令，如图 1-44 所示。这些命令可以切换屏幕模式。

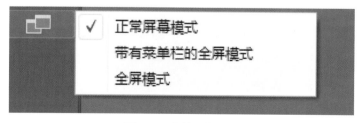

图 1-44　切换屏幕模式

正常屏幕模式：默认的屏幕模式。窗口会显示菜单栏、标题栏、滚动条和其他屏幕元素，如图 1-45 所示。

图 1-45　正常屏幕模式

带有菜单栏的全屏模式：显示有菜单栏，没有标题栏的屏幕窗口，如图 1-46 所示。

图 1-46　带有菜单栏的全屏模式

全屏模式：不显示标题栏和菜单栏，只有滚动条的全屏窗口，如图 1-47 所示。

图 1-47　全屏模式

实践——创建和切换文档窗口

操作步骤如下。

①步骤 1。

按下【Ctrl+O 键】，然后按住【Ctrl 键】单击光盘中的两个素材将其选中，如图 1-48 所示。然后在 Illustrator CC 中打开文件，如图 1-49 所示。文档窗口内的黑色矩形是画板，画板内部是绘画区域，也是可以打印的区域。画板外是画布，画布也可以绘图，但不能打印出来。

图 1-48　选择素材

图 1-49　打开文件

②步骤 2。

当同时打开多个文档时，Illustrator CC 会为每一个文档创建一个窗口。所有窗口都停放在选项中，单击一个文档的名称，即可将其设置为当前操作的窗口，如图 1-50 所示。按下【Ctrl+Tab 键】可以循环切换各个窗口。

图 1-50　创建窗口

③步骤 3。

在一个文档的标题栏上单击向下拖曳，可将其从选项卡中拖出，使之成为浮动窗口。拖曳浮动窗口的标题栏可以移动窗口，拖曳边框可以调整窗口大小，如图 1-51 所示。将窗口拖回选项卡，可将其停放回去。

图 1-51　调整窗口大小

④步骤 4。

如果打开的文档较多，选项卡中不能显示所有文档的名称，可单击选择选项卡右侧的按钮，在下拉菜单中选择所需文档，如图 1-52 所示。如果要关闭一个窗口，可单击其右上角的按钮。如果要关闭所有窗口，可以在选项卡上单击鼠标右键，选择快捷菜单中【关闭全部】命令，如图 1-53 所示。

图 1-52　选择文档

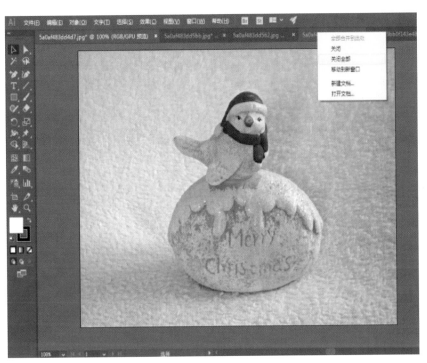

图 1-53　关闭窗口

⑤步骤 5。

执行【编辑】→【首选项】→【用户界面】命令，打开【首选项】对话框，在【亮度】
选项中可以调整界面亮度（从黑色至浅灰色共四种），如图 1-54 和图 1-55 所示。

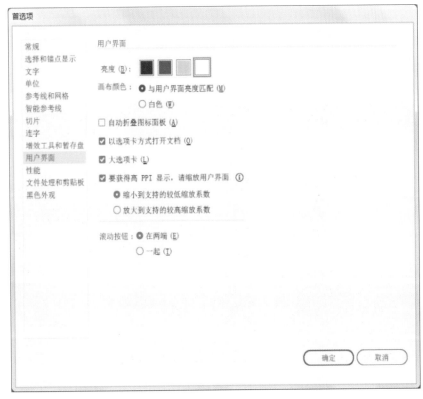

图 1-54　【首选项】对话框

图 1-55　调整界面亮度

实践——设置面板

设置面板的操作步骤如下。

Illustrator CC 提供了三十多个面板，它们的功能各不相同。很多面板都有菜单，包含特定于该面板的选项。用户可以根据需要对面板进行编组、堆叠和停放。如果要打开面板，执行【窗口】菜单中的命令即可。

①步骤 1。

默认情况下，面板成组停放在窗口的右侧，如图 1-56 所示。单击面板右上角的按钮可以将面板折叠成图标状，如图 1-57 所示。

图 1-56　面板

图 1-57　折叠为图标

②步骤 2。

在面板中，上下、左右拖曳面板的名称可以重新组合面板，如图 1-58 和图 1-59 所示。

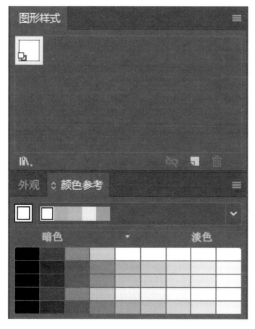

图 1-58　组合面板（1）　　　　　　　　　　　图 1-59　组合面板（2）

③步骤 3。

将一个面板名称拖曳到窗口的空白处，如图 1-60 所示，可将其从画板组中分离出来，使之成为浮动面板，如图 1-61 所示。拖曳浮动面板的标题栏可以将它放在窗口的任意位置。

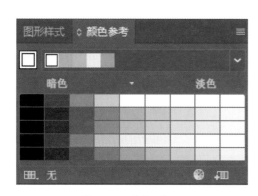

图 1-60　分离面板　　　　　　　　　　　图 1-61　浮动面板

④步骤 4。

单击面板顶部的按钮，可以逐级隐藏显示面板选项，如图 1-62 ～图 1-64 所示。

⑤步骤 5。

单击面板右上角的按钮，可以打开面板菜单，如图 1-65 所示。如果要关闭浮动面板，可单击右上角的按钮；如果要关闭面板组中的面板，可在它的标题栏上单击鼠标右键打开菜单，如图 1-66 所示，选择【关闭选项卡组】命令。

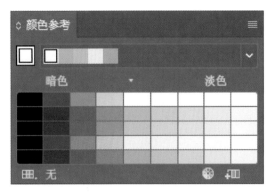

图 1-62　面板选项(1)

图 1-63　面板选项(2)

图 1-64　面板选项(3)

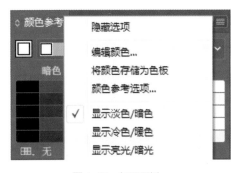

图 1-65　打开面板

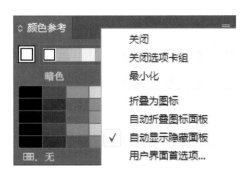

图 1-66　关闭面板组中的面板

实践——新建与编辑视图

绘制和编辑图形的过程中，经常会缩放对象的某一部分，如果使用【比例缩放】工具操作，就会造成许多重复性的工作。遇到这种情况，可以将当前文档的视图状态储存，在需要使用这一视图时，再将它调出。

①步骤 1。

按下【Ctrl+O 键】打开素材文件，如图 1-67 所示。使用【比例缩放】工具在窗口中单击，然后按住【空格】键并拖曳鼠标，定位画面中心，如图 1-68 所示。

②步骤 2。

执行【视图】→【新建视图】命令，打开【新建视图】对话框，输入名称，如图 1-69 所示，然后单击【确定】按钮，将当前的视图状态保存。使用【缩放】工具重新调整窗口的显示比例和画面中心，如图 1-70 所示。

图 1-67 打开素材文件

图 1-68 定位画面中心

图 1-69 新建视图

图 1-70 缩放视图

③步骤 3。

打开【视图】菜单，单击新视图的名称，如图 1-71 所示，即可切换到该视图状态，如图 1-72 所示。如果要重命名或删除视图，可以执行【视图】→【新建视图】命令，打开【编辑视图】对话框，选择一个视图，然后便可以修改视图名称。另外，按【删除】按钮可将其删除。

图 1-71 切换视图（1）

图 1-72 切换视图（2）

在平面设计时，文字是必不可少的元素。Illustrator CC 提供了强大的文字编排功能。使用这些功能可以快速创建文本和段落，并且还可以更改文本和段落的外观效果，可以将图形对象和文本组合编排，从而制作出丰富多样的文本效果。

第一节 使用文字

一、文本工具的使用

（1）文本

选择【文字】工具或【直排文字】工具后，移动光标到绘图窗口的任意位置，单击确定文字内容的插入点，即可输入文本内容。使用【文字】工具，可按照横排的方式，从左至右输入文字，使用【直排文字】工具可按照竖排的方式，从上至下输入文字，如图 2-1 所示。

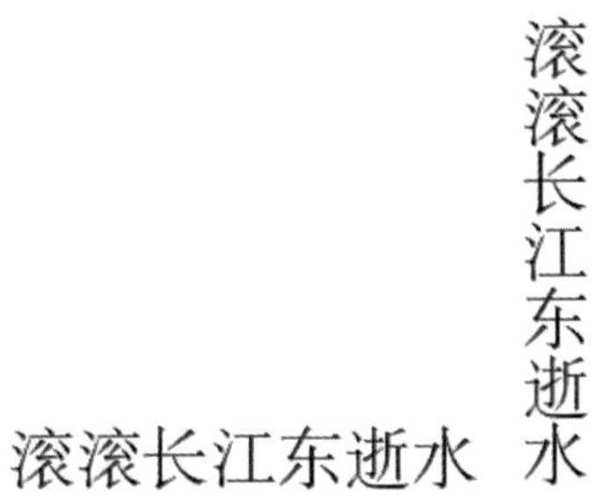

滚滚长江东逝水

滚滚长江东逝水

图 2-1 输入文字

（2）区域文本

选择【区域文字】工具，然后在对象路径内任意位置单击，即可将路径转换为文字区域，在其中输入文本内容后，输入的文本会根据文本框的范围自动换行，如图2-2所示。

（3）路径文本

使用【钢笔】工具，在页面上绘制一个任意形状的开放路径，再使用【路径文字】工具或【直排路径文字】工具，将普通路径转换为文字路径，然后在文字路径上输入和编辑文字，输入的文字将沿着路径形状进行排列。将文字沿着路径输入后，还可以编辑文字在路径上的位置，选择【工具箱】中的【选择工具】，选中【路径文字对象】，选中位于终点的竖线，可拖动文字到路径的另一边，如图2-3所示。

图 2-2　自动换行　　　　　　　　　　　　　　　图 2-3　拖动文字

二、选择文本

（1）选择字符

要在文档中选中字符，有以下几种方法：选中字符后，外观面板中会出现字符样式，使用【文字】工具拖动选择单个或多个字符；按住【Shift 键】的同时拖动鼠标，可加选或者减选字符；使用【文字】工具，在输入的文本中拖动，并选中部分文字，选中的文字将高亮显示，此时进行的文字修改，只针对选中的文字，如图2-4所示。

图 2-4　选择文字

将光标插入一个单词中，双击即可选中这个单词。

将光标插入一个段落中，三击可以选择整行。

选择【选择全部】命令或按【Ctrl+A 键】可选中当前文字对象中包括的全部文字。

（2）选择文字对象

如果要对文本对象中的所有字符的字符和段落属性、填充和描边属性以及透明属性进行修改，甚至对文字对象应用效果和透明蒙版进行修改，可以首先选中整个文字对象，选中文字对象后，外观面板中会出现文字字样，如图 2-5 所示。

选择文字对象包括以下三种方法。

①在文档窗口使用【选择】工具或【直接选择】工具，单击文字对象进行选择，按住【Shift 键】，同时单击鼠标可以加选对象。

②在图层面板中，单击文字对象右边的【圆形】按钮进行选择，按住【Shift 键】，并单击【圆形】按钮，可进行加选或减选。

③要选中文档中所有的文字对象，可选择【选择对象】→【文本对象】命令。

(3) 选择文字路径

文字路径是文字排列和流动的依据，用户可以对文字路径进行填充和描边属性的修改，当选中文字对象路径后，外观面板中会出现路径字样，如图 2-6 所示。

图 2-5　显示文样

图 2-6　显示路径

选择文字路径有以下两种方法。

①较为简便的方法，在轮廓模式下进行选择。

②使用【直接选择】工具或【编组选择】工具，单击【文字路径】可以将其选中。

第二节　格式化文本

一、字体、字号

【字符】面板可用于设置字符的各种属性，单击【设置字体系列】文本框右侧的【三角按钮】，从下拉列表中选择一种字体或选择文字字体子菜单中的字体系列，即可设置字符的字体。如果选择的是英文字体，还可以设置字体样式。

字号是指字体的大小，表示字符的最高点到最低点之间的尺寸，用户可以单击【字符】面板中【设置字体大小】数值框右侧的【三角按钮】，在弹出的下拉列表中选择预设的字号，也可以在数值框中直接输入一个字号数值或选择文字【大小】命令，在打开的子菜单中选择字号，如图 2-7 所示。

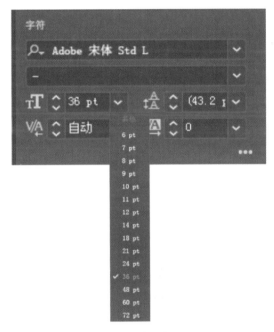

图 2-7　选择字号

二、字距

字距是指两个字符之间的间隔。使用任意【文字】工具，在需要调整字距的两个字符中间，单击进入文本输入状态，在【字符】面板的字符间距调整选项中，可以调整两个字符的间距。当该值为正值时，可以加大字体间距；当该值为负值时，可减小字体间距。当光标在两个字符之间时，按【Alt+ 鼠标左键】可减小字体间距，按【Alt+ 鼠标右键】可增大字体间距。

字距调整是放宽或收紧所选文本或整个文本中字符之间间距的过程。选择需要调整的部分字符或整个文本对象后，在字符间距调整选项后可以调整所选字符的字体间距。该值为正值时，字体间距变大；为负值时，字体间距变小，如图 2-8 所示。

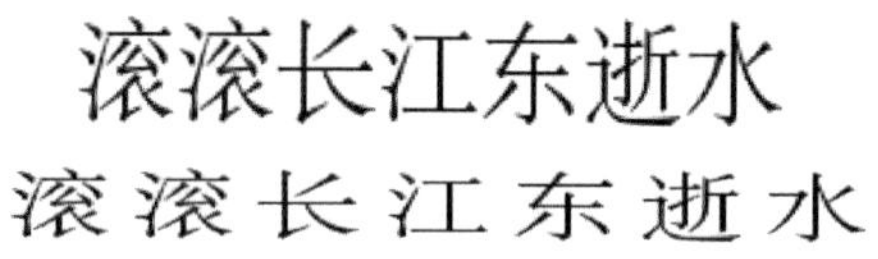

滚滚长江东逝水

滚 滚 长 江 东 逝 水

图 2-8　调整字体间距

三、行距

行距是指两行文字之间间隔距离的大小，是从一行文字基线到另一行文字基线之间的距离。用户可以在输入文本之前设置行距，也可以在文本输入后，在【字符】面板的【设置行距】数值框中设置行距，默认状态下行距为字体大小的 120%，如图 2-9 所示。

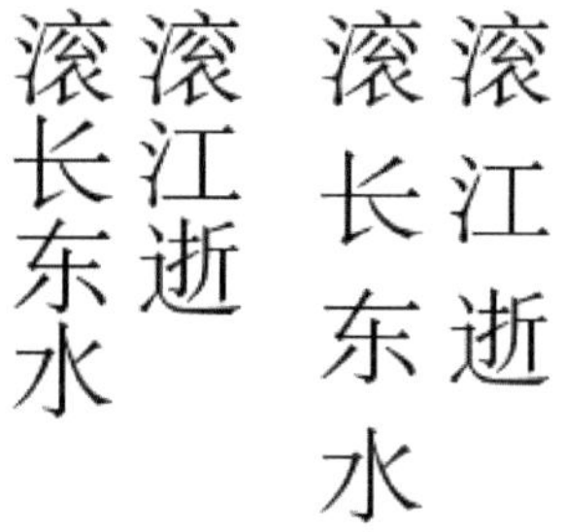

滚长东水　滚江逝　滚长东水　滚江逝

图 2-9　调整行距

四、文本旋转

在 Illustrator CC 中，支持字体的任意角度旋转，在【字符】面板的【旋转】数值框中输入或选择合适的旋转角度，可以为选中的文字进行自定义角度的旋转，如图 2-10 所示。

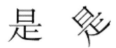

图 2-10　旋转字体

五、字体颜色

可以根据需要在【工具箱】、【属性栏】、【颜色】面板或【色板】面板中，设置文字的填充或描边颜色，如图 2-11 所示。

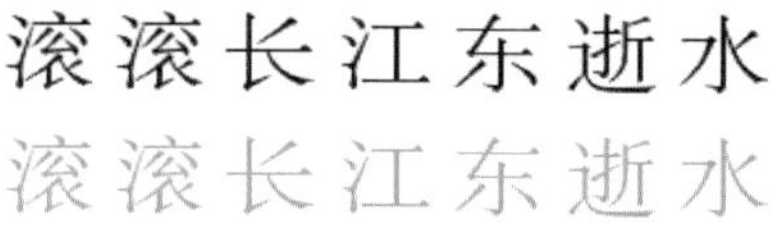

滚滚长江东逝水

滚滚长江东逝水

图 2-11　设置字体颜色

六、更改大小写

选择要更改大小写的字符或者文本对象，选择【文字】→【更改大小写】命令，在子菜单中选择【大写】、【小写】、【词首大写】或【句首大写】命令即可，如图 2-12 所示。

　　【大写】：将所有字符更改为大写。

　　【小写】：将所有字符更改为小写。

　　【词首大写】：将每个单词的首字母更改为大写。

　　【句首大写】：将每个句子的首字母更改为大写。

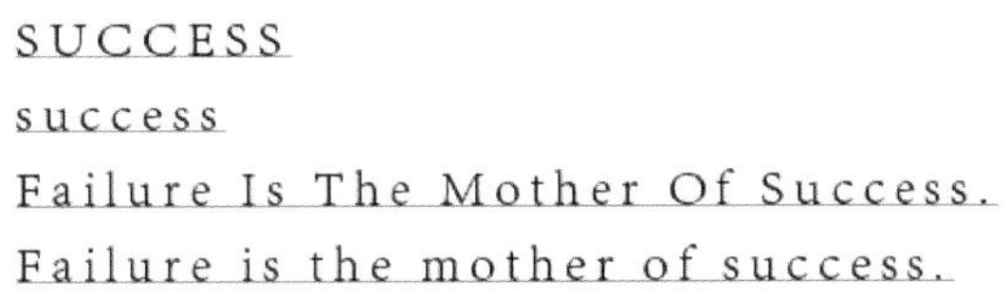

SUCCESS
success
Failure Is The Mother Of Success.
Failure is the mother of success.

图 2-12　更改大小写

七、更改文字排列方向

　　选中要更改方向的文本对象，然后选择【文字】→【文字方向】→【横排】/【直排】命令，即可切换文字的排列方向，如图 2-13 所示。

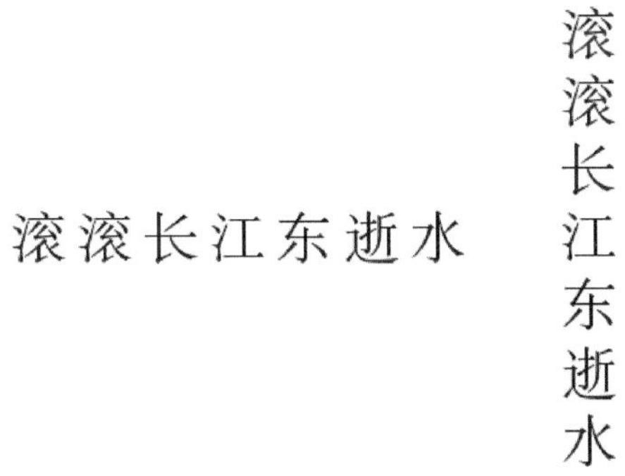

滚滚长江东逝水

滚滚长江东逝水

图 2-13　更改文字排列方向

八、文本的变换

　　使用【修饰文字】工具在创建的文本中选中字符，可对其进行变换，还可以单独调整字符外观效果，如图 2-14 所示。

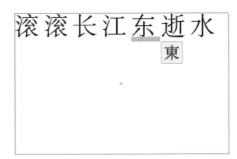

图 2-14　变换字体

第三节　创建与应用文字样式

一、创建文字样式

在 Illustrator CC 中，可以使用【字符样式】控制面板来创建、应用和管理字符样式。要应用样式，只需选择文本，并在其中一个面板中单击样式名称即可。如果为【选择任何文本】，则会将样式应用于所创建的新文本中。

在打开的图形文档中，使用【选择】工具选择文本，如图 2-15 所示。

图 2-15　选择文本

选择【窗口】→【文字】→【字符样式】命令，打开【字符样式】控制面板，如图 2-16 所示。

图 2-16　打开【字符样式】控制面板

选中文本，按住【Alt 键】，在面板中单击【创建新样式】按钮，打开【字符样式选项】对话框。在对话框的【样式名称】文本框中输入"广告语"，然后单击【确定】按钮创建字符样式，如图 2–17 所示。

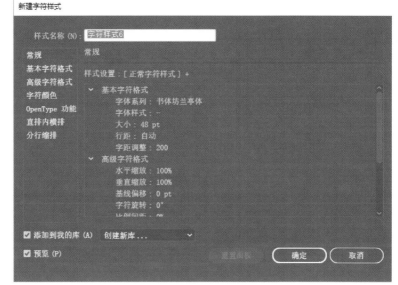

图 2–17　创建字符样式

二、应用文字样式

在打开的图形文档中，使用【选择】工具选择文本，如图 2–18 所示。

图 2–18　选择文本

选择【窗口】→【文字】→【字符样式】命令，打开【字符样式】控制面板，如图 2–19 所示。

35

图 2-19　【字符样式】控制面板

选中文本，然后单击【字符样式】控制面板中的"广告语"字样，应用字符样式如图 2-20 所示。

图 2-20　应用字符样式

实践——圆点描边

设计圆点描边的操作步骤如下。

①步骤 1。

打开 Illustrator CC 程序，在文件菜单中执行【新建】命令或按【Ctrl+N 键】，弹出新建文档对话框，单击【更多设置】按钮，弹出【更多设置】对话框，在【大小】下拉列表中选择"A4"，【取向】为"横向"，如图 2-21 所示。其他为默认值，单击【创建文档】按钮，即可新建一个文档。

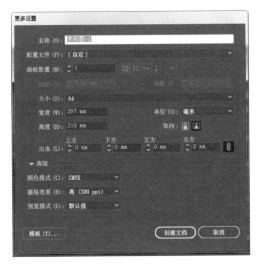

图 2-21　设置对话框

②步骤 2。

在工具箱中选择【文字】工具，在画面中单击，即可输入文本。在文本中输入"2018"，调整字体大小，如图 2-22 所示。

2018

图 2-22　调整字体大小

③步骤 3。

在工具箱中选择【椭圆】工具，在画面的空白处单击出现的【椭圆】对话框，在其中设置【宽度】和【高度】均为"8px"，如图 2-23 所示。单击【确定】按钮，即可得到一个圆，在控制栏中设置填色为浅蓝色，C、M、Y、K 值分别为 40、0、14、0，描边为"无"，字体显示如图 2-24 所示。

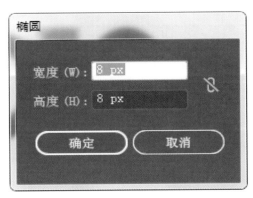

图 2-23　设置宽度和高度

图 2-24 字体显示

④步骤 4。

按【F5 键】显示画笔面板，在其中单击【新建画笔】按钮，弹出【新建画笔】对话框，并在其中选择【散点画笔】单选框，如图 2-25 所示。单击【确定】按钮，接着弹出【散点画笔】选项对话框，将间距调整为 10%，单击【确定】按钮，即可将选择的浅蓝色圆形创建成【散点画笔】。

图 2-25 创建【散点画笔】

⑤步骤 5。

选中"2018"，在编辑栏中【画笔】的下拉菜单中选择新建的浅蓝色画笔，即可完成圆点描边效果，如图 2-26 所示。

![2018 圆点描边效果]

图 2-26 圆点描边效果

圆点描边设计应用如图 2-27 所示。

实践——撕边立体字

设计撕边立体字的操作步骤如下。

图 2-27　圆点描边设计应用

①步骤 1。

按【Ctrl+N 键】，新建一个文档，在工具箱中选择【文字】工具，在画面中单击，即可输入文本，在文本中输入"2018"，调整字体大小，如图 2-28 所示。

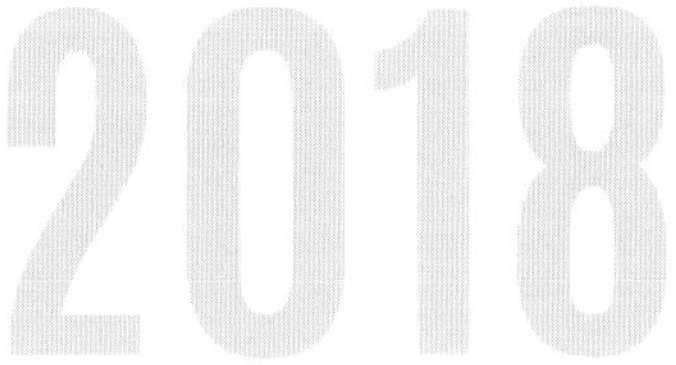

图 2-28　调整字体大小

②步骤 2。

按住【Alt 键】将文字向下拖动，到适当位置，松开鼠标左键复制一组文字，以做备用，如图 2-29 所示。

图 2-29　复制字体

③步骤 3。

在原文字上右击，在弹出的快捷菜单中选择【变换】→【缩放】命令，如图 2-30 所示，接着弹出【比例缩放】对话框，在其中单击【复制】按钮，将选择文字进行复制，由于复制的文字没有移动，所以画面没有任何变化。

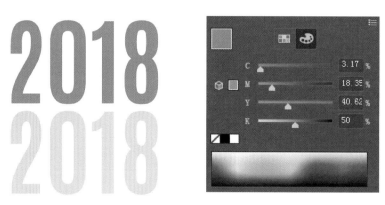

图 2-30　缩放字体

④步骤 4。

在【颜色】面板中设置填色，C、M、Y、K 值分别为 3、18、41、50，如图 2-31 所示。

图 2-31　设置 C、M、Y、K 值

⑤步骤 5。

在键盘上按【↓键】五次，再按【Shift+ ↓键】两次，加大间距，得到效果图，如图 2-32 所示。

图 2-32　加大字体间距

⑥步骤 6。

在工具箱中双击【混合】工具，在弹出的对话框中，设置间距为【指定的步数】，步数为"20"，如图 2-33 所示，单击【确定】按钮。

图 2-33　设置间距

⑦步骤 7。

在浅蓝色文字上单击，在光标到深蓝色文字的位置时再次单击，即可将这两个文字进行混合，如图 2-34 所示。

图 2-34　混合字体

⑧步骤 8。

使用【直接选择】工具选择浅蓝色文字，然后按【Shift+↑键】向上移动两次，如图 2-35 所示。再将备份的文字拖到浅蓝色文字的适当位置，按【Ctrl+Shift+]键】，将其排到最上层，如图 2-36 所示。

图 2-35　移动字体

图 2-36　排列字体

⑨步骤 9。

　　在菜单中执行【效果】→【画笔描边】→【喷溅】命令，在弹出的对话框中设置【喷色半径】为"25"，【平滑度】为"6"，如图 2-37 所示。单击【确定】按钮，得到效果图，如图 2-38 所示。

图 2-37　设置【喷色半径】

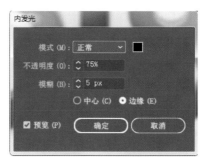

图 2-38　喷色

⑩步骤 10。

　　在菜单中执行【效果】→【风格化】→【内发光】命令，在弹出的对话框中设置【模式】为【颜色加深】，颜色为【黑色】，勾选【预览】复选框，如图 2-39 所示，单击【确定】按钮，得到效果图，如图 2-40 所示。

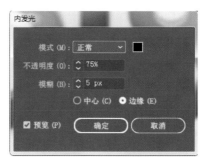

图 2-39　【内发光】对话框

图 2-40　颜色加深

⑪步骤 11。

在【透明度】面板中设置混合模式为【正常】，【不透明度】为 "85％"，即可完
成此立体字效果，如图 2-41 所示。

图 2-41　撕边立体字效果

撕边立体字设计应用如图 2-42 所示。

图 2-42　撕边立体字设计应用

实践——斑点字

设计斑点字的操作步骤如下。

①步骤 1。

按【Ctrl+N 键】新建文档，在工具箱中选择【文字】工具，在画面中单击，即可输
入文本，在文本中输入 "2018"，调整字体大小，如图 2-43 所示。

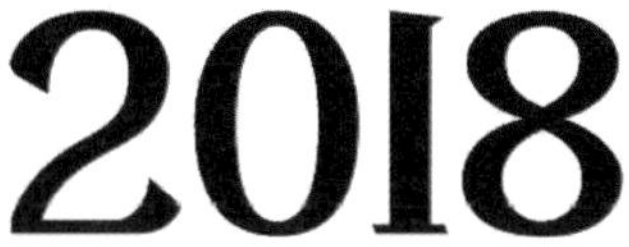

2018

图 2-43　选择字体

②步骤 2。

按【Alt 键】将文字向右拖动至适当位置，松开鼠标左键和【Alt 键】，即可复制，将复制前的文字作为备用，如图 2-44 所示。

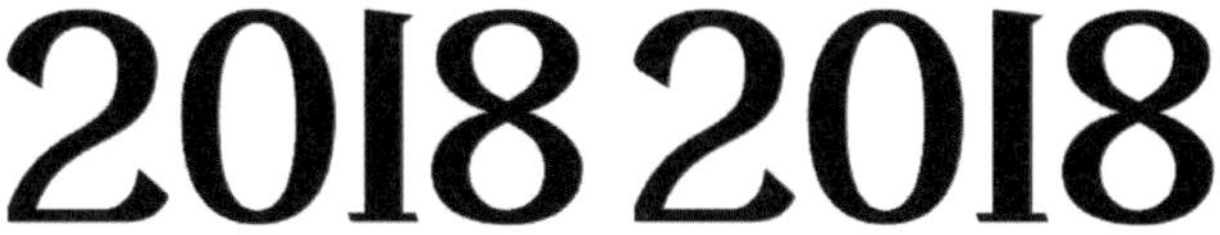

2018 2018

图 2-44　复制字体

③步骤 3。

在原文字上右击，在弹出的快捷菜单中选择【创建轮廓】命令，将文字转换为复合路径，如图 2-45 所示。

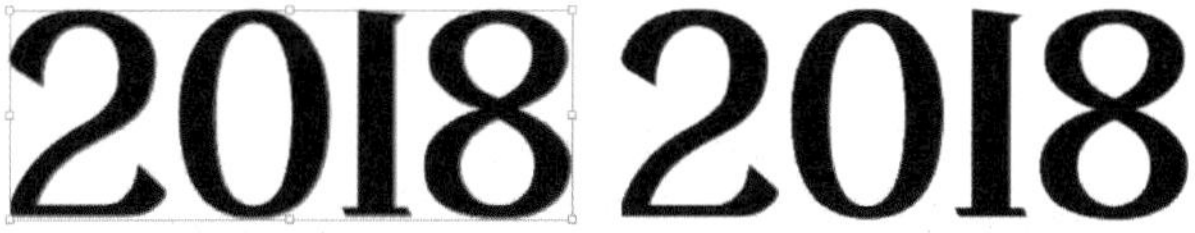

2018 2018

图 2-45　选择【创建轮廓】

④步骤 4。

在菜单中执行【对象】→【路径】→【偏移路径】命令，在弹出的对话框中设置【位移】为“10px”，【连接】为“斜接”，【斜接限制】为“4”，如图 2-46 所示，单击【确定】按钮，如图 2-47 所示。

偏移路径
位移 (O)：10 px
连接 (J)：斜接
斜接限制 (M)：4
预览 (P)
确定
取消

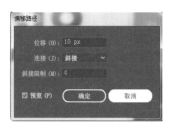

图 2-46　设置【位移】

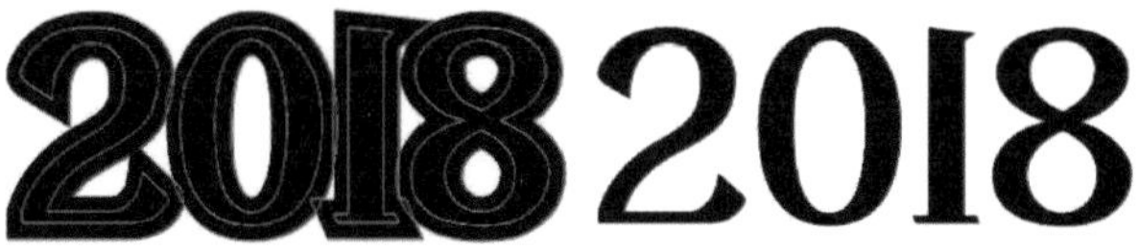

2018 2018

图 2-47　设置后字体效果

⑤步骤 5。

在空白处单击取消选择，在画面中单击选择上层的"2018"，接着在文字上右击，然后在弹出的快捷菜单中选择【取消编组】命令，如图 2-48 所示。

图 2-48　选择【取消编组】命令

⑥步骤 6。

在空白处单击取消选择，再在画面中单击选择上层的"2018"，在控制栏中设置描边为"白色"，将描边粗细改为"2"，如图 2-49 所示。

2018 2018

图 2-49　选择描边

⑦步骤 7。

将前面备份的"2018"移动到描边的文字处，并与其对齐，在【颜色】面板中设置填色，C、M、Y、K 值分别为 0、0、0、85，如图 2-50 所示。

图 2-50　设置填色

⑧步骤 8。

在菜单中执行【效果】→【像素化】→【铜版雕刻】命令，弹出【铜板雕刻】对话框，在其中设置【类型】为"粗网点"，如图 2-51 所示，单击【确定】按钮，即可得到斑点字效果，如图 2-52 所示。

图 2-51　设置【铜版雕刻】

图 2-52　斑点字效果

斑点字设计应用如图 2-53 所示。

图 2-53　斑点字设计应用

对图形对象进行填充及描边处理是运用 Illustrator CC 进行设计工作时的常用操作。Illustrator 不仅为用户提供了单色、渐变色、图案等多种填充方式，还提供了描边的设置选项。本章将详细讲解填充和描边的设置以及填充和描边在进行设计工作中的实践应用。

第一节　设置单色填充、单色描边

在 Illustrator 中，拾色器、色板以及颜色面板都是经常用来对颜色进行设置、编辑和管理的组件。

一、拾色器

（1）打开方法

在 Illustrator 中，找到工具箱下方的填色或描边图标，双击鼠标左键就可以打开【拾色器】对话框。在拾色器中，可基于 HSB、RGB、CMYK 等颜色模型的设置对所选中的对象进行填充和描边，如图 3-1 所示。

（2）颜色的选取

在【拾色器】对话框中，对颜色的选取有三种方式。

第一种是拖动【颜色条】中的滑块来改变主色框的主色调，之后即可对主色框单击鼠标左键选取所需的颜色。

第二种是单击【颜色色板】按钮，打开拾色器中的颜色色板，如图 3-2 所示。

其中可以直接单击【色板控制】面板设置填充或描边颜色，单击【颜色模式】按钮则返回选择颜色界面。

图 3-1　【拾色器】对话框

48

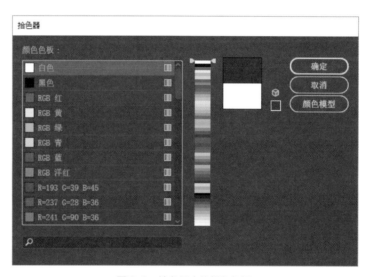

图 3-2　拾色器中的颜色色板

第三种是基于 HSB、RGB、CMYK 等颜色模型进行编辑、设置，如图 3-3 所示。

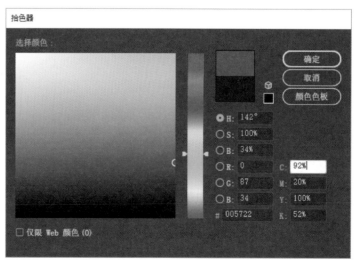

图 3-3　编辑颜色模型

当勾选【拾色器】对话框中【仅限 Web 颜色】复选框时，可以看到【拾色器】对话框只显示 Web 安全颜色，如图 3-4 所示。

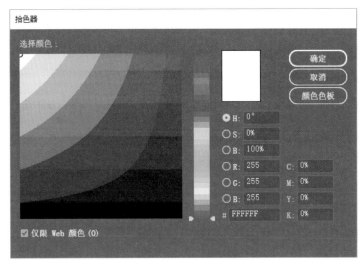

图 3-4　Web 颜色模型

二、颜色控制面板

在 Illustrator 中，【颜色】控制面板也是非常重要的常用面板，使用【颜色】控制面板可以将颜色应用于对象的填色和描边，也可以编辑和混合颜色，除此之外在颜色面板中同样可以对不同颜色模式进行编辑。

（1）打开方式

执行【窗口】→【颜色】命令（快捷键为【F6键】）打开【颜色】面板，如图 3-5 所示。

图 3-5　【颜色】面板

（2）颜色的选取

填色块和描边框显示该对象当前的填充色和描边，单击填色块或描边框，可以切换当前编辑对象。拖动颜色滑块或在数值框内填入数值，都可使填色块或描边框的颜色发生改变，如图 3-6 所示。可将鼠标移至该面板底部色谱条选取所用颜色，如图 3-7 所示，或在该面板中双击【填色】或【描边】按钮打开【拾色器】面板进行操作。

图 3-6　拖动颜色滑块

图 3-7　选取颜色

三、色板控制面板

在 Illustrator 中，【色板】控制面板也是对颜色进行编辑、管理的常用面板。在【色板】控制面板中提供了许多可用颜色，与此同时，还可根据实际操作的需要添加并储存自定义的颜色和图案，亦可重置或删除等。

（1）打开方式

执行【窗口】→【色板】命令，即可弹出【色板】控制面板，如图 3-8 所示。在【色板】控制面板中单击选取所需的颜色或样本即可将其选中。

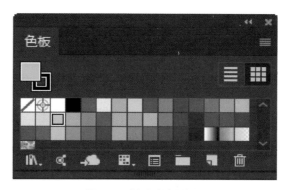

图 3-8　【色板】控制面板

（2）功能介绍

在【色板】控制面板中，单击【显示列表视图】和【显示缩览图视图】可直接更改色板面板的显示状态，如图 3-9 所示。

在【色板】控制面板底部还有许多其他功能的按钮，作用如下。

【色板库】：用于显示色板库扩充菜单。

【色板类型】：单击【色板】控制面板中的【色板类型】菜单按钮，可显示所有色板类型。用户可以根据所要填充的类型选择状态，如图 3-10 所示。

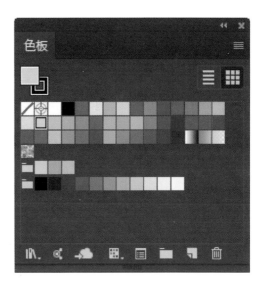

图 3-9 更改色板的显示状态

【色板选项】：可打开色板选项对话框。

【新建颜色组】：可新建一个颜色组。

【新建色板】：点击【新建色板】按钮，可自定义和复制一个新的样板。

【删除色板】：可将当前选定的样板从色板中删除。

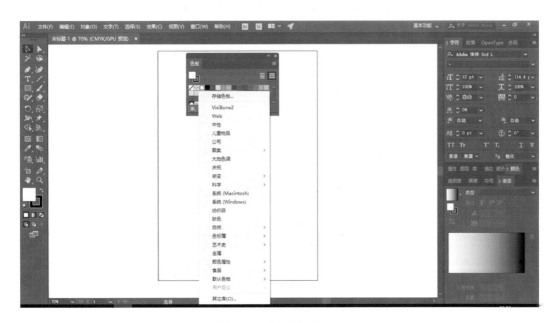

图 3-10 【色板类型】菜单

（3）颜色的选取

单击面板中填色块或描边框，切换到当前编辑的对象，选用色板中的颜色，如图 3-11 所示。

除此之外，在色板面板中，用户还可以根据自己的需求将自定义的颜色、渐变或图案创建为色样，存储到色板当中。

颜色的选取操作过程如下。

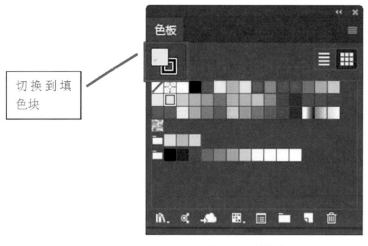

切换到填色块

图 3-11　填色块

在【色板】控制面板中，单击【新建色板】按钮，打开【新建色板】对话框，输入色板名称后，调节滑块，然后单击【确定】按钮，即可创建"我的色板"，如图 3-12 所示。

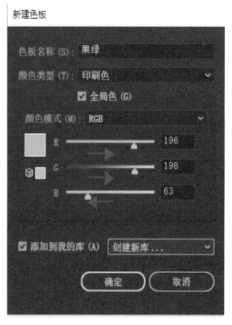

图 3-12　新建色板

在 Illustrator CC 中，除了控制面板中默认的样本外，还提供了十几种固定的色板库，和大量的颜色组合，用户可从色库中选取颜色使用。

操作过程如下。

选择【窗口】→【色板库】命令，或单击【色板】控制面板中的【色板库】，用户可根据自己的需求选择合适的色板库并打开，如图 3-13 所示。

单击所选中的颜色，单击该对话框中【菜单】按钮选择【添加到色板】命令，如图 3-14 所示，也可直接将色块拖至【色板】面板当中。

图 3-13　选择【色板库】

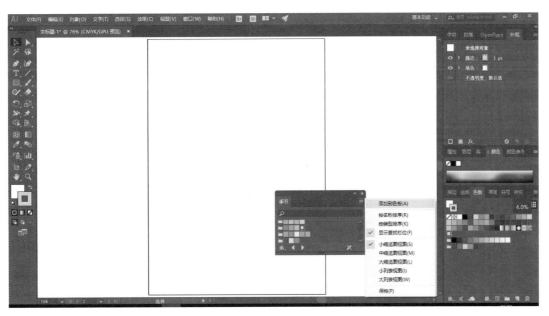

图 3-14　添加颜色

第二节　使用渐变设置填充和描边

【渐变】面板用于创建和修改渐变。在【渐变】面板中，【渐变填充】框显示当前的渐变和渐变类型。点击【渐变填充框】时，选定的对象将填入此渐变。

使用渐变设置填充和描边的操作过程如下。

选择【窗口】→【渐变】命令（组合键为【Ctrl+F9 键】）或双击【渐变】工具，打开【渐变】控制面板，如图 3-15 所示。在【类型】选项的下拉列表中选择"线性"或"径向"

渐变类型，填充线性渐变或径向渐变。

图 3-15　【渐变】控制面板

与【色板】面板一样，在【渐变】面板中，除了默认的渐变样板外，用户还可从渐变库中选取渐变。操作过程如下。

选择【窗口】→【色板库】→【其他库】命令，打开【渐变】文件夹，其中为用户提供了许多渐变库，如图 3-16 所示。

图 3-16　选择渐变库

【选择】工具选中当前背景图形对象，选择【窗口】→【渐变】命令，打开【渐变】控制面板，选择渐变类型为"径向"，并设置 C、M、Y、K 值为 5、11、33、0 或 51、80、0、0，如图 3-17 所示。

图 3-17　渐变效果

第三节　使用图案设置填充和描边

在 Illustrator CC 中，除对选定对象进行颜色以及渐变填充之外，常常用到的还有对图案的填充。在【色板】控制面板中，Illustrator CC 为用户提供了许多默认的图案色板，可以通过使用【色板】控制面板中的【图案色板】进行填充；也可以自定义现有的图案，或者使用【绘制】工具创建自定义图案。

一、图案填充

图案的填充与颜色、渐变的填充相似，可用于文本的填充，亦可用于描边的填充。但是，不同于颜色填充和渐变填充的是，使用图案填充文本，要先将文本转化为路径。操作过程如下。

在一个图形文档中，使用【选择】工具选中所需填充的图形，如图 3-18 所示。

图 3-18　选择对象

选择【色板】控制面板中的默认图案，或选择【窗口】→【色板库】→【基本图形】→【基本图形 – 纹理】命令，打开图案色板库，如图 3-19 所示。

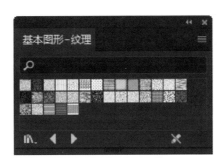

图 3-19　图案色板库

从【基本图形 – 纹理】中选定所需的图案色板，即可填充选中的对象，如图 3-20 所示。

55

图 3-20　填充选中的对象

二、创建自定义图案填充

在 Illustrator 中，除了系统所提供的图案色板以外，用户还可根据自己的实际需要自定义图案，并将其添加到图案色板中；亦可使用绘制工具绘制所需的图案，并将其拖至【色板】面板中。

自定义图案填充的操作过程如下。

选中当前要自定义的图案，选择【对象】→【图案】→【建立】命令，打开信息提示对话框和【图案选项】面板，在信息提示对话框中单击【确定】按钮，如图 3-21 所示。

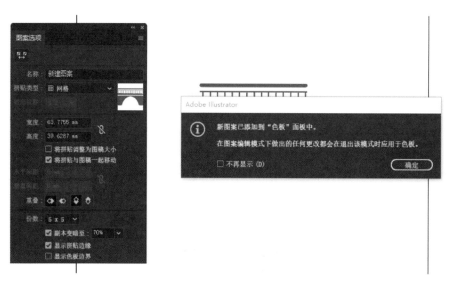

图 3-21　选择对象对话框

在【图案选项】控制面板中【名称】文本框中输入名字，在【拼贴类型】下拉列表中选择"网格"，单击【保持高度和宽度比例】按钮，在【份数】下拉列表中选择"1×1"选项，完成后将其添加至图案【色板】中即可，如图 3-22 所示。

第三章　填充和描边

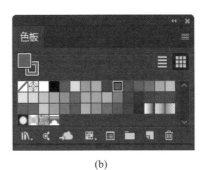

(a)   (b)

图 3-22　自定义图案填充

第四节　设置描边

　　描边的实质是对象的轮廓在进行描边填充时，还可设置其他属性，例如更改描边的形状、粗细以及设置虚线描边等。操作过程如下。

　　选择【窗口】→【描边】命令（组合键为【Ctrl+F10 键】），打开【描边】控制面板，如图 3-23 所示。

图 3-23　【描边】控制面板

　　【描边】控制面板可对描边属性进行编辑，例如粗细、端点、边角、限制、对齐描边、虚线等。

57

一、设置描边的粗细

【粗细】数值框用于设置描边的宽度。操作过程如下。

选择【钢笔】工具绘一个图形并保持选中当前对象的状态，如图3-24所示。

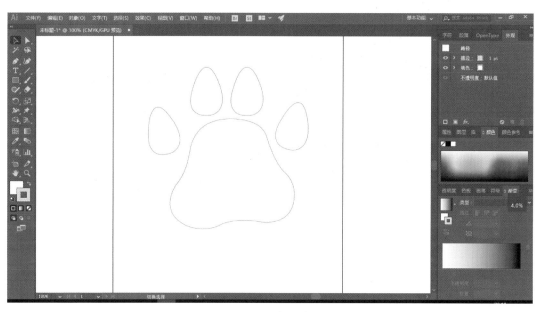

图 3-24　选择【钢笔】工具

在【粗细】数值框中输入数值或者调节微调按钮，亦可从下拉列表中直接选择所需的宽度值，如图3-25所示。

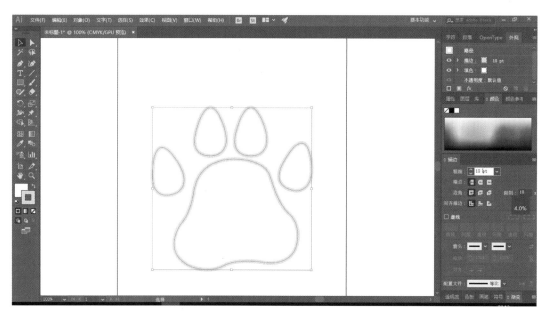

图 3-25　选择宽度

二、设置描边的样式

端点是指一段描边的首端和末端，可以为描边的首端和末端选择不同的端点来改变描边端点的形状。端点有3种不同的类型，分别是平头端点、圆头端点以及方头端点。

操作过程如下。

选择【钢笔】工具画一段描边，单击【描边】控制面板中不同样式的端点按钮，选定所需的端点应用到描边中，如图 3-26 所示。

图 3-26　选择不同样式的端点

边角是指一段描边拐角处的形状。同样有 3 种不同的拐角连接状态，分别是斜接连接、圆角连接以及斜角连接。操作过程如下。

绘制一个多边形，单击【描边】控制面板中的转角按钮，选定所需的转角样式应用到多边形描边中，如图 3-27 所示。

图 3-27　描边转角样式

限制可以设置描边沿路径改变方向时的伸展长度，可以通过调整数值来设置斜接连接的角度。

对齐描边用于设置图形对象的描边沿图形轮廓基线对齐的方式，有 3 种不同的形式，分别是使描边居中、使描边内侧对齐以及使描边外侧对齐。操作过程如下。

选择【钢笔】工具绘制一段描边，单击【描边】控制面板中的不同描边位置的对齐描边，选定所需的对齐描边应用到一段描边中，如图 3-28 所示。

图 3-28　对齐描边的形式

虚线是用来设定每一段虚线的长度，在其下面有 6 个文本框，在文本框中输入相应的数值，数值不同，所得到的虚线效果也不尽相同。

【虚线】数值框中的数值越大，虚线的长度就越长；反之，虚线的长度就越短，如图 3-29 所示。

间隙则是用来设定每一段虚线段的距离，输入的数值越大，虚线段之间的距离就越大；反之，虚线段的距离就越小，如图 3-30 所示。

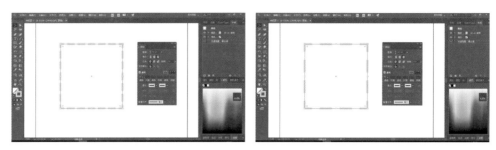

图 3-29　虚线参数设定

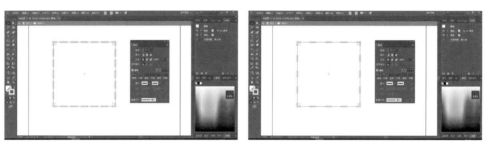

图 3-30　虚线段间隙的设定

第五节　添加多个填充或描边

选择【文字】工具，输入文字，并为文字设置白色填充，蓝色描边，描边粗细为 5，如图 3-31 所示。

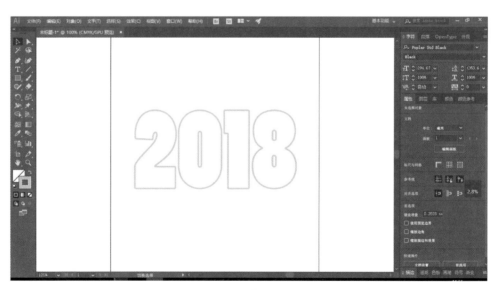

图 3-31　填充颜色

选择【窗口】→【外观】命令，打开【外观】控制面板，单击【外观】控制面板底部的第一个按钮【添加新描边】，在新的描边一栏里，设置颜色为"橙色"，描边粗细为"10"。选中橙色描边一栏，直接拖至文本图层的下面，如图 3-32 所示。

图 3-32 字体描边

运用同样的方法添加新描边，在新的描边一栏里，设置颜色为"红色"，描边粗细为"18"，调整图层，如图 3-33 所示。

图 3-33 字体效果

第六节 实 时 上 色

在 Illustrator CC 中，实时上色可以对矢量图像进行快速、准确、便捷、直观的上色。实时上色是一种创建彩色图稿的直观方法。采用这种方法可以使用 Illustrator CC 的所有矢量绘画工具，将绘制的全部路径视为在同一平面上。也就是说，没有任何路径位于其他路径之后或之前，不必考虑围绕在每个区域使用了多少不同的描边、描边绘制的顺序以及描边之间是如何相互连接的。创建了实时上色组后，每条路径都会保持完全可编辑的特点。移动或调节路径形状时，之前已应用的颜色不会像在图像编辑程序中那样保持在原处。相反，已应用的颜色会自动将其应用在新编辑的路径中。

一、创建实时上色组

创建实时上色组操作过程如下。

在 Illustrator 中，要想使用实时上色工具，首先需要创建一个实时上色组，即绘制一个封闭图形，如图 3-34 所示。

图 3-34　绘制封闭图形

选中当前所有路径，在【色板】控制面板中选择颜色后，即可使用实时上色工具填充颜色。选择【工具箱】→【实时上色工具】（快捷键为【K 键】），或选择【对象】→【实时上色】→【建立】，即可创建实时上色组，如图 3-35 所示。

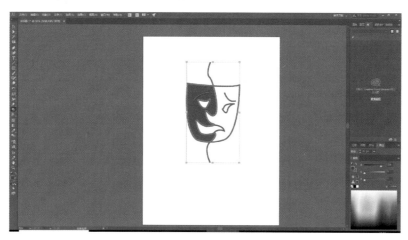
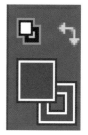

图 3-35　创建实时上色组

二、在实时上色组中添加路径

在实时上色命令中，除了修改实时上色组中路径时会同时修改现有的表面和边缘之外，还可以创建新的表面和边缘，也可以在实时上色组中添加新的路径，如图 3-36 所示。

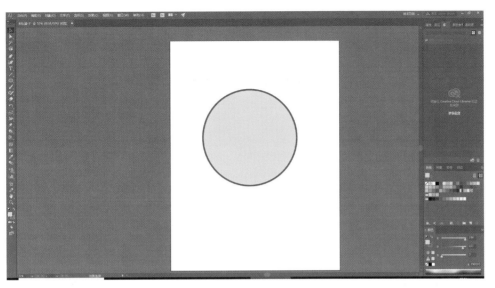

图 3-36　修改现有表面和边缘

操作过程如下：选择【钢笔】工具，绘制一个任意图形，选择【工具】选项中的【实时上色和路径】，单击属性栏中的【合并实时上色】按钮或选择【对象】→【实时上色】→【合并】命令，使用【实时上色选择】工具可以为新的实时上色组重新上色，如图 3-37 所示。

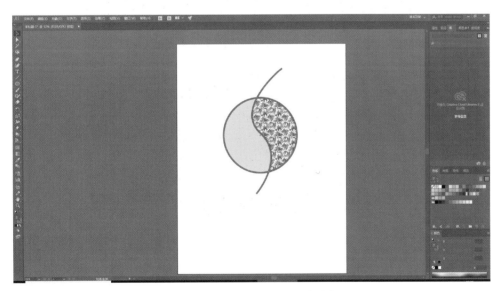

图 3-37　为新的实时上色组重新上色

绘制一条新的路径，选定实时上色组和要添加到组中的新路径。选择【对象】→【实时上色】→【合并】命令，或者单击【控制】面板中的【合并实时上色】，即可在实时上色组中添加路径，如图 3-38 所示；也可在【图层】面板中，将一个或多个路径拖到实时上色组中。

三、间隙选项

间隙是由于路径和路径之间未对齐而产生的。用户可以通过编辑路径来封闭间隙，也可选择【对象】→【实时上色】→【间隙选项】命令，打开【间隙选项】对话框，如图 3-39 所示。

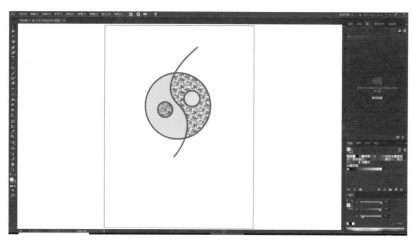

图 3-38　在实时上色组中添加路径

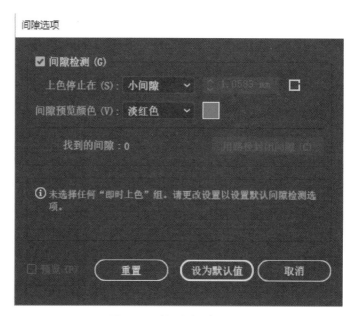

图 3-39　【间隙选项】对话框

　　【间隙选项】对话框预览并控制实时上色组中可能出现的间隙。选中【间隙选项】复选框对设置进行微调，以便通过指定的间隙大小来防止颜色渗漏。

　　在【间隙选项】对话框中，选定【间隙选项】复选框。在选项组中的【上色停止在】的下拉列表中可选择间隙的大小，也可自定义间隙的大小，如图 3-40 所示。

　　【间隙预览颜色】是设置在实时上色组中预览间隙的颜色。用户可以从菜单中选择颜色，也可以单击【间隙预览颜色】菜单旁边的【颜色框】来指定颜色。

　　选择用路径封闭间隙时，将在实时上色组中插入未上色的路径以封闭间隙（而不是只防止颜料通过这些间隙渗漏到外部）。请注意，由于这些路径没有上色，即使已封闭了间隙，也可能会显示仍然存在间隙。

间隙选项

☑ 间隙检测 (G)

上色停止在 (S): 自定间隙   ↕ 1.0583 mm   ☐

间隙预览颜色 (V): 淡红色   ▼   ☐

找到的间隙: 0

ⓘ 此对话框为所选"实时上色"组设置间隙检测选项,这些选项可
更改"实时上色工具"和"实时上色选择"工具应用颜色的方
式。

☑ 预览 (P)   重置   确定   取消

| ✓ 小间隙 |
| 中等间隙 |
| 大间隙 |
| 自定间隙 |

(a)   (b)

图 3-40   自定义间隙的大小

预览则将当前实时上色组中检测到的间隙显示为彩色线条,所用颜色根据选定的预览颜色而定。

实践——明信片

使用【矩形】工具和【钢笔】工具绘制背景并填充颜色;使用【文字】工具添加广告文字。

1. 案例分析

本案例是绘制明信片,明信片的要求是通过绘画、图像表达来展示企业的形象、理念、品牌以及产品,或者展现地方特色和人文情感等,是一种新型的广告媒体。

2. 设计理念

在绘制过程中,大量选用蓝色、紫色等,给人一种平静、神清气爽的感觉,猫耳朵反而更像连绵不断的高山,突出一种精神:不论遇到多大的困难与挫折,坦然去面对,一切都可迎刃而解。明信片效果图如图 3-41 所示。

图 3-41   明信片

3. 操作步骤

（1）制作背景图

①步骤 1。

按【Ctrl+N 键】新建一个文档，宽度为 148mm，高度为 100mm，上下出血 2mm，方向为横向，颜色模式为 CMYK，单击【确定】创建，如图 3-42 所示。

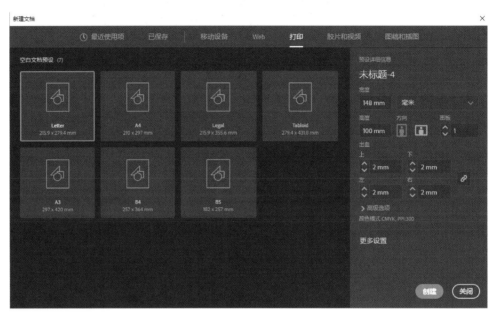

图 3-42　创建文档

②步骤 2。

选择【矩形】工具，在页面中单击鼠标，弹出【矩形】对话框，设置与明信片尺寸相等的数值，也可按住鼠标左键拖至画板尺寸相等的矩形框，如图 3-43 所示。

图 3-43　绘制矩形框

③步骤 3。

选中当前矩形框，设置颜色填充的 C、M、Y、K 值分别为 51、26、0、0，填充颜色，如图 3-44 所示。

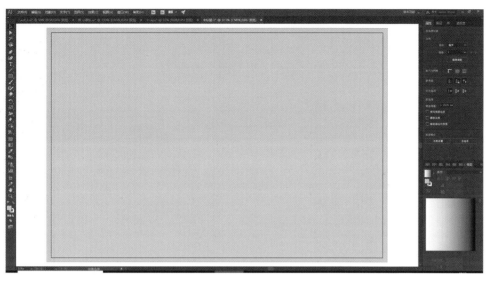

图 3-44　填充颜色

（2）绘制装饰图形

①步骤 1。

选择【钢笔】工具，在画板中绘制一个不规则图形先把猫耳朵的形状勾勒出来。之后选择【选择】工具，设置颜色填充，C、M、Y、K 值分别是 79、80、11、0，如图 3-45 所示。

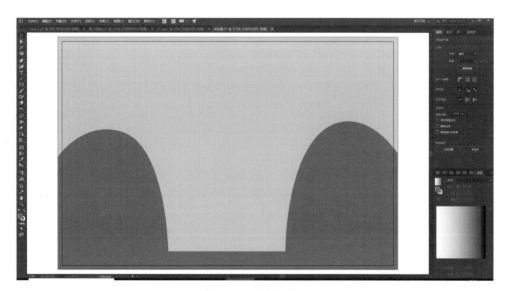

图 3-45　绘制猫耳朵

②步骤 2。

选择【钢笔】工具，继续绘制不规则图形把猫耳朵完善。之后选择【选择】工具，设置颜色填充，C、M、Y、K 值分别为 62、60、7、0，如图 3-46 所示。

③步骤 3。

选择【钢笔】工具，用相同的方法绘制人物，设置颜色和描边填充，描边颜色选择"白色"，粗细数值设置为"0.25"，如图 3-47 所示。

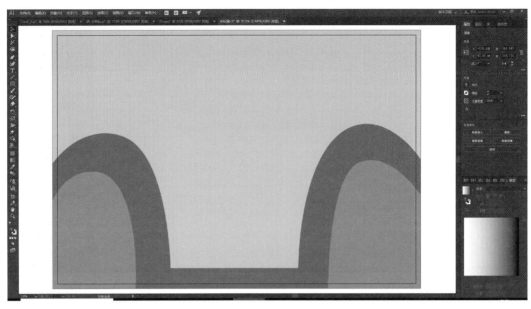

图 3-46　完善猫耳朵

图 3-47　绘制人物

④步骤 4。

选择【文件】→【置入】命令，弹出【置入】对话框，选择所需的素材，单击【置入】按钮，将素材置入页面中，如图 3-48 所示。

⑤步骤 5。

添加符号，创建蝴蝶符号，选定当前蝴蝶的图案，单击【符号】控制面板底部的【新建符号】按钮，单击【确定】按钮，即可创建符号，如图 3-49 所示。

⑥步骤 6。

选择【符号面板】中新建的符号，单击【置入符号实例】，或是拖动符号至画板中，如图 3-50 所示。

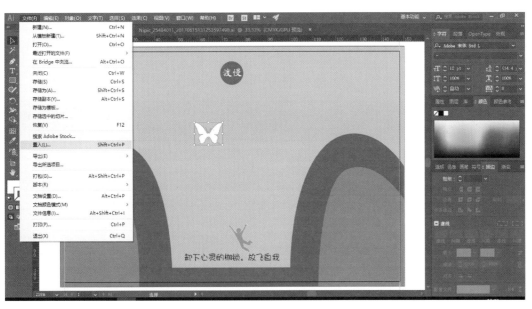

图 3-48　置入素材

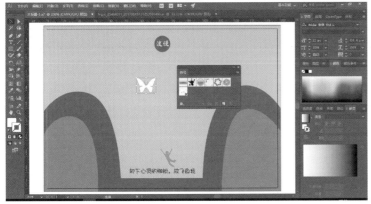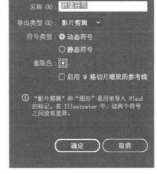

图 3-49　创建符号

图 3-50　置入符号

⑦步骤7。

完善画面，选择【文字】工具，在页面中输入所需要的文字，字体的选择可根据自己喜欢的字体进行搭配，如图3 51所示。

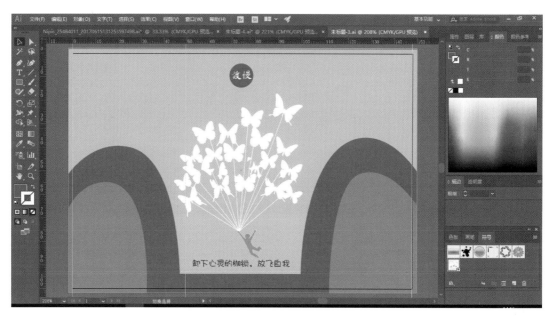

图3-51　添加文字

第四章

绘画系列

Illustrator CC 提供了非常出色的绘画工具，具有表现自然、绘画精良的特点。用户经常使用线型绘图工具和形状绘图工具制作出想要的效果。本章将详细讲解绘画工具的使用及设置，并通过大量实例进行实际操作。

第一节　线型绘图工具

【直线段】工具、【弧形】工具和【螺旋线】工具可以绘制直线和弧形曲线。

一、绘制直线段

【直线段】工具用来创建直线。在绘制过程中按住【Shift 键】可以创建水平、垂直或以 45°角方向为增量的直线，按住【Alt 键】，直线会以单击点为中心向两侧延伸。如果要创建指定长度和角度的直线，可在画板中单击，打开【直线段工具选项】对话框进行设置，如图 4-1 和图 4-2 所示。

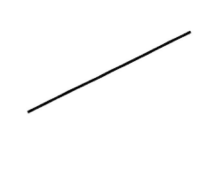

图 4-1　【直线段工具选项】对话框　　　　　图 4-2　指定长度和角度的直线

二、绘制弧线

【弧形】工具用来创建弧线。在绘制过程中按下【X键】可以切换弧线的凹凸方向，如图 4-3 所示；按下【C键】，可在开放式图形与闭合图形之间切换，图 4-4 所示为创建的闭合图形；按住【Shift 键】，可以保持固定的角度；按下【↑】【↓】【←】【→】键可以调整弧线的斜率。如果要创建更为精确的弧线，可在画板中单击，打开【弧线段工具选项】对话框设置参数，如图 4-5 所示。

图 4-3 切换弧线的凹凸方向   图 4-4 闭合图形

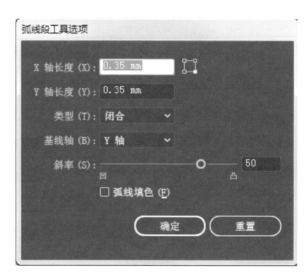

图 4-5 【弧线段工具选项】对话框

【参考点定位器】：单击参考点定位器上的空心方块，可以设置绘制弧线时的参考点，效果如图 4-6 所示。

【X 轴长度】：用来设置弧线的长度。

【Y 轴长度】：用来设置弧线的高度。

【类型】：选择下拉列表中的"开放"可创建开放式弧线；选择"闭合"可创建闭合式弧线。

【基线轴】：选择下拉列表中的"X 轴"可以沿水平方向绘制；选择"Y 轴"则沿垂直方向绘制。

【斜率】：用来指定弧线的斜率方向，可输入数值或拖动滑块来进行调整。

【弧线填色】：选择该选项后，会用当前的填充颜色为弧线围合的区域填色，如图 4-7 所示。

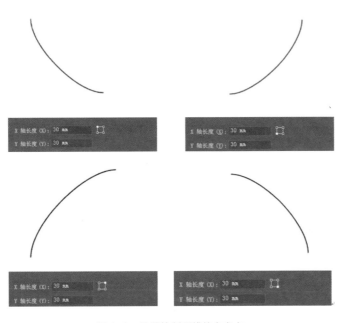

图4-6 设置绘制弧线的参考点

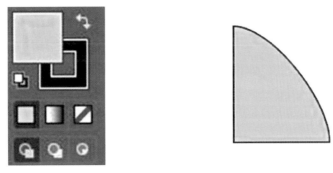

图4-7 围合区域填色

三、绘制螺旋线

【螺旋线】工具用来创建螺旋线，如图4-8所示。选择该工具后，单击并拖动鼠标即可绘制螺旋线，在拖曳鼠标的过程中移动光标可以旋转螺旋线；按下【R键】，可以调整螺旋线的方向，如图4-9所示；按住【Ctrl键】可调整螺旋线的紧密程度，如图4-10所示按下【↑】键可增加螺旋圈数，按下【↓】键则减少螺旋圈数。如果要更加精确地绘制图形，可在画板中单击，打开【螺旋线】对话框设置参数，如图4-11所示。

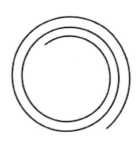

图4-8 创建螺旋线　　　　图4-9 旋转螺旋线　　　　图4-10 调整螺旋线的紧密程度

图 4-11　【螺旋线】对话框

【半径】：用来设置从中心到螺旋线最外侧的点的距离。半径的值越高，螺旋的范围越大。

【衰减】：用来设置螺旋线的每一螺旋相对于上一螺旋应减少的量。衰减的值越小，螺旋的间距越小，如图 4-12 和图 4-13 所示。

【段数】：决定螺旋线路径段的数量，如图 4-14 和图 4-15 所示。

图 4-12　衰减 70% 的效果　　图 4-13　衰减 80% 的效果　　图 4-14　段数为 5　　图 4-15　段数为 10

【样式】：可以设置螺旋线的方向。

第二节　形状绘图工具

【矩形】工具、【椭圆】工具、【多边形】工具和【星形】工具等都属于基本的绘图工具。选择这几种工具后，在画板中单击并拖动鼠标可自由创建图形。如果想要创建精确的图形，可在画板中单击，然后在弹出的对话框中设置与图形相关的参数和选项。

一、绘制矩形和正方形

【矩形】工具用来创建矩形和正方形，如图 4-16 和图 4-17 所示。选择该工具后，单击并拖曳鼠标可以创建任意大小的矩形；按住【Alt 键】，以单击点为中心向外绘制矩形；按住【Shift 键】可绘制正方形；按住【Shift+Alt 键】，以单击点为中心向外绘制正方形。如果要创建一个指定大小的图形，可以在画板中单击，打开【矩形】对话框设置参数，如图 4-18 所示。

图 4-16 矩形

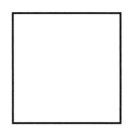

图 4-17 正方形

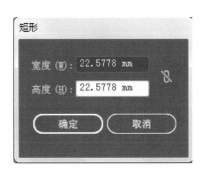

图 4-18 【矩形】对话框

75

二、绘制圆角矩形

【圆角矩形】工具可用来创建圆角矩形，如图 4-19 所示。它的使用方法及快捷键都与【矩形】工具相同。不同的是，在绘制过程中按下【↑】键，可增加圆角半径直至成为圆形；按下【↓】键可减少圆角半径直至成为方形；按下【←】键或【→】键，可以在方形与圆形之间切换。如果要绘制指定大小的圆角矩形，可在画板中单击，打开【圆角矩形】对话框设置参数，如图 4-20 所示。

圆角半径为0

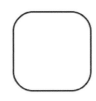

圆角半径为5

圆角半径为10

图 4-19 创建圆角矩形

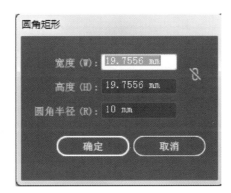

图 4-20 【圆角矩形】对话框

三、绘制圆形和椭圆形

【椭圆】工具用来创建圆形和椭圆形，如图 4-21 和图 4-22 所示。选择该工具后，单击并拖动鼠标可以绘制任意大小的椭圆，按住【Shift 键】可创建圆形；按住【Alt 键】，以单击点为中心向外绘制椭圆；按住【Shift+Alt 键】，则以单击点为中心向外绘制圆形。如果要创建指定大小的椭圆形或圆形，可在画板中单击，打开【椭圆】对话框设置参数，如图 4-23 所示。

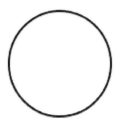
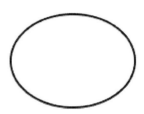

图 4-21　圆形　　　　　　　　图 4-22　椭圆形

图 4-23　【椭圆】对话框

四、绘制多边形

【多边形】工具用来创建三边和三边以上的多边形，如图 4-24 所示。在绘制过程中，按下【↑】键或【↓】键，可增加或减少多边形的边数；移动光标可以旋转多边形；按住【Shift 键】可以锁定一个不变的角度。如果要指定多边形的半径和边数，可在多边形中心的位置单击，打开【多边形】对话框进行设置，如图 4-25 所示。

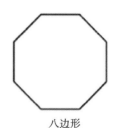

三边形　　　　　　五边形　　　　　　八边形

图 4-24　绘制多边形

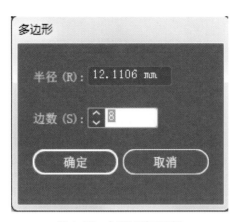

图 4-25 【多边形】对话框

五、绘制星形

【星形】工具用来创建各种形状的星形，如图 4-26 和图 4-27 所示。在绘制过程中，按下【↑】键或【↓】键可增加或减少星形的角点数；拖动鼠标可以旋转星形；如果要保持不变的角度，可按住【Shift 键】；如果按下【Alt 键】，则可以调整星形拐角的角度，如图 4-28 和图 4-29 所示。

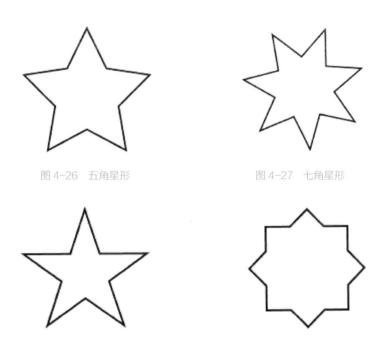

图 4-26 五角星形   图 4-27 七角星形

图 4-28 按住【Alt 键】创建五角星   图 4-29 按住【Alt 键】创建八角星

如果要更加精确地绘制星形，可以在要绘制的星形中心位置单击，打开【星形】对话框进行设置，如图 4-30 所示。

【半径 1】：用来指定从星形中心到星形最内点的距离。

【半径 2】：用来指定从星形中心到星形最外点的距离。

【角点数】：用来指定星形的角点数。

图 4-30 【星形】对话框

实践——雪人

1. 案例分析

雪人的绘制方法简单,线条流畅,可用于贺卡、儿童读物等的制作。本案例操作较便捷,在掌握基本技法后,不仅可以绘制出生动的形象,还可以在此基础上有所发挥,创作出充满新意的插画效果。

2. 设计思路

首先新建一个文档,再使用【椭圆】工具、【钢笔】工具绘制雪人的结构图,然后使用【选择】工具、【渐变面板】、【渐变】工具、【颜色】面板等对结构图进行颜色填充与制作。如图 4-31 所示,为雪人的制作流程图。

图 4-31 雪人的制作流程图

3. 操作步骤

①步骤 1。

打开 Illustrator CC 程序,按【Ctrl+N 键】新建一个文件,在工具箱中选择【椭圆】工具,在画面中单击,在弹出的对话框中设置【宽度】为"203mm",【高度】为"203mm",如图 4-32 所示。

②步骤 2。

使用【椭圆】工具在画面中绘制出不同大小的椭圆,如图 4-33 所示。选择【钢笔】

工具画出树枝形状作为雪人的右手，复制相同路径并拖动至左手位置，点击【右键】→【排列置于底层】，形成前后透视效果，如图4-34所示。

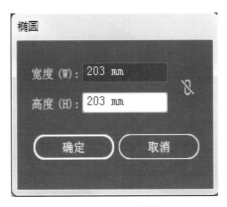

图4-32　设置参数

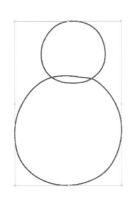

图4-33　绘制不同大小的椭圆

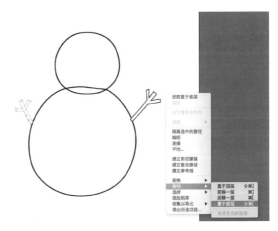

图4-34　前后透视效果

③步骤3。

使用【钢笔】工具在画面上分别勾画出雪人的鼻子、嘴等结构线，如图4-35所示，并选择【描边】为"2pt"，如图4-36所示。

图4-35　勾画结构线

图 4-36　设置描边

④步骤 4。

使用【钢笔】工具在画面上勾画出雪人的围巾，使用【圆形】工具绘制四个圆形并填充黑色，作为雪人的扣子。如图 4-37 所示，雪人的基本结构图绘制完成。

图 4-37　雪人的基本结构图

⑤步骤 5。

按【Ctrl 键】并单击鼻子，在工具箱中选择【渐变】工具，在【渐变】面板中设置【类型】为"线性"，并设置所需要的颜色，填充渐变，如图 4-38 所示。按住鼠标左键，并从鼻子的右下方向左上方拖动，以调整渐变方向，调整后的效果如图 4-39 所示。

图 4-38　鼻子填充设置参数　　　　　图 4-39　鼻子填充效果

⑥步骤6。

单击工具箱中【直接选择】工具，按下【Shift 键】并在画面中单击表示围巾的对象，然后在【颜色】面板中设置颜色填充的 C、M、Y、K 值分别为76、56、0、0，执行填充颜色，如图4-40所示。围巾填充效果图如图4-41所示。

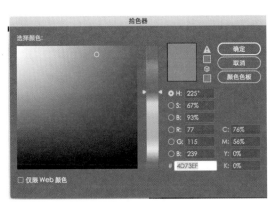 

图4-40　围巾填充设置参数　　　　　　　图4-41　围巾填充效果

⑦步骤7。

单击工具箱中【直接选择】工具，按下【Shift 键】并在画面中单击表示帽子的结构线，并在【颜色】面板中分别设置颜色填充的 C、M、Y、K 值为9、98、100、0，如图4-42所示。帽子填充效果图如图4-43所示。同样的方法将树枝填色，设置颜色填充的 C、M、Y、K 值分别为23、44、98、0，执行填充颜色，如图4-44所示。树枝填充效果图如图4-45所示。雪人的图形绘制就完成了。

图4-42　帽子填充设置参数　　　　　　　图4-43　帽子填充效果

⑧步骤8。

在雪人图形绘制完成后，可根据不同应用需求添加背景及其他装饰物，如图4-46所示。

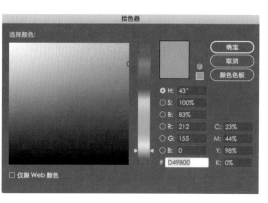

图 4-44　树枝填充设置参数　　　　　　图 4-45　树枝填充效果

图 4-46　添加背景和其他装饰

实践——圣诞树

1. 案例分析

绘制圣诞树主题插图，首先要能够烘托节日气氛，能够呈现较为丰富的视觉效果，这样在创作中就要注意增加装饰物，并选取丰富的颜色，增加色彩饱和度，使画面丰富鲜明。此类插图可应用于插画、书籍、报刊、连环画、儿童卡通画、贺卡设计等。

2. 设计思路

首先新建一个文档，再使用【钢笔】工具、【颜色】面板绘制一棵树并填充颜色，然后使用【钢笔】工具、【椭圆】工具、【选择】工具等为树添加装饰品，以添加喜庆效果，如图 4-47 所示为圣诞树制作流程图。

图 4-47　圣诞树制作流程图

3. 操作步骤

①步骤 1。

按【Ctrl+N 键】新建一个文档，在工具箱中选择【钢笔】工具，在选项栏中设置【填色】为"无"，在画面上勾画出如图 4-48 所示的树冠形状。

图 4-48　树冠形状

②步骤 2。

在【颜色】面板中吸取所需的颜色，C、M、Y、K 值分别为 28、0、56、0，将树的颜色填满，如图 4-49、图 4-50 所示。

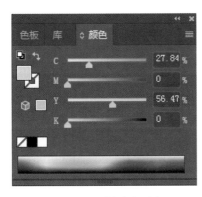

图 4-49　【颜色】面板　　　　　图 4-50　填充颜色

③步骤3。

使用【钢笔】工具在画面上勾画出树干，并在【颜色】面板中设置填色，C、M、Y、K 值分别为 55、64、62、6，执行填充颜色，如图 4-51 所示。树干填充效果图如图 4-52 所示。

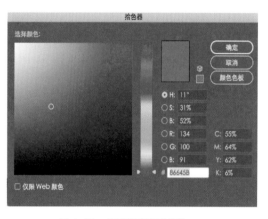

图 4-51　树干填充设置参数　　　　　　　　　　图 4-52　树干填充效果

④步骤4。

使用同样的方法勾画出如图 4-53 所示的装饰线，并填充颜色。同时按【Alt 键】移动，复制数个相同路径作为圣诞树的装饰线，如图 4-54 所示。

图 4-53　绘制装饰线　　　　　　　　　　图 4-54　装饰线效果

⑤步骤5。

将画面放大，在工具箱中选择【椭圆】工具，在画面上空白处绘制出一个椭圆并填充颜色。再次使用【椭圆】工具在绘制的圆上绘制一个椭圆，并将它填充颜色为白色，为装饰物添加高光效果，按【Ctrl 键】将椭圆旋转到适当位置，如图 4-55 所示。使用同样的方法再复制一组椭圆，画面效果如图 4-56 所示。

图 4-55　绘制椭圆　　　　　　　　　　图 4-56　复制椭圆

⑥步骤 6。

使用【选择】工具选择椭圆并创建群组，将它们拖动到适当位置，然后按【Alt 键】分别将它们移动并复制到不同的位置，得到如图 4-57 所示的效果。

图 4-57　装饰效果

⑦步骤 7。

在工具箱中点【星形】工具，如图 4-58 所示。在圣诞树上方绘制一个星形，并调整好大小及角度，如图 4-59 所示。在【颜色】面板中设置颜色填充的 C、M、Y、K 值分别为 9、0、84、0，执行填充颜色，如图 4-60 所示。星形填充效果图如图 4-61 所示。

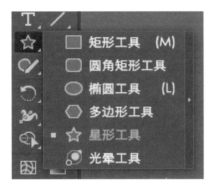

图 4-58　星形工具

图 4-59　绘制星形

图 4-60　星形填充设置参数

图 4-61　星形填充效果

⑧步骤 8。

在圣诞树图形绘制完成后，可根据不同应用需求添加背景及其他装饰物，如图 4-62 所示。

图 4-62　添加背景及其他装饰物

实践——花卉

1. 案例分析

花卉图案的绘制应选择基础花卉形态，并确定其风格特征，在色彩和形态选择上应注意其间的协调性。在创作包装、书籍、插画以及一些立体实物时，都会用到花卉的制作方法。

2. 设计思路

首先新建一个文档，再使用【钢笔】工具、【转换锚点】工具、【添加锚点】工具绘制花的结构图，然后使用【选择】工具、【颜色】面板为花卉填充颜色以达到效果，如图 4-63 所示为制作流程图。

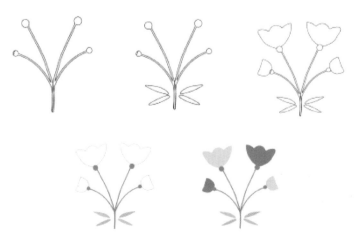

图 4-63　花卉制作流程

3.操作步骤

①步骤1。

按【Ctrl+N键】新建一个文档，在工具箱中选择【钢笔】工具，在画面上勾画出如图4-64所示的花径形状，按【Alt键】复制并翻转，形成另一半花径形状，如图4-65所示。

图4-64 花径形状

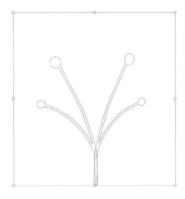

图4-65 复制并翻转

②步骤2。

在选项栏中设置【填色】C、M、Y、K值分别为9、0、84、0，如图4-66所示。执行填充颜色，花径填充效果如图4-67所示。

③步骤3。

使用【钢笔】工具在画面的适当位置勾画出表示树叶的基本结构，使用【转换锚点】工具、【添加锚点】工具和【直接选择】工具，将它调整为如图4-68所示的形状，分别将两片叶子颜色的C、M、Y、K值设为21、25、71、0和16、33、56、0，如图4-69、图4-70所示。叶子填充效果如图4-71所示。

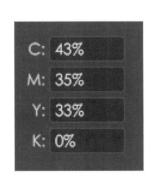

图4-66 花径填充设置参数

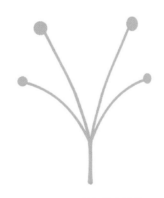

图4-67 花径填充效果

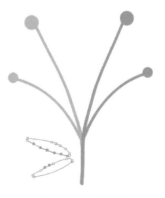

图4-68 树叶形状

④步骤4。

在工具箱中选择【钢笔】工具，在画面上勾画出花瓣，如图4-72所示。将花瓣复制拖动，使用相同的方法对花瓣进行调整，直到将花瓣调整为所需的形状为止，如图4-73所示。

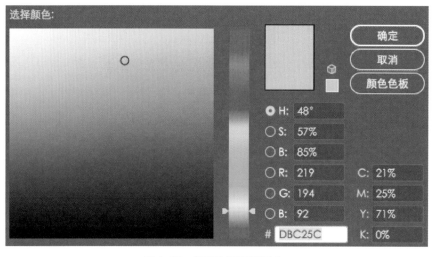

图 4-69　叶子的色彩设置（1）

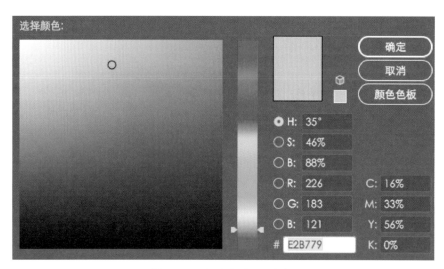

图 4-70　叶子的色彩设置（2）

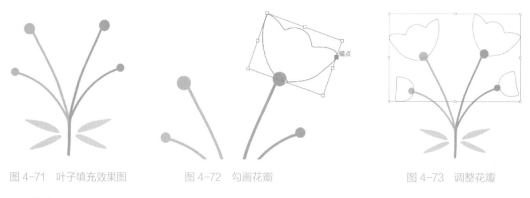

图 4-71　叶子填充效果图　　　　图 4-72　勾画花瓣　　　　图 4-73　调整花瓣

⑤步骤 5。

在工具箱中选择【选择】工具，按【Shift 键】在画面中单击表示花瓣的对象，然后在【颜色】面板中吸取所需的颜色，如图 4-74 所示。点击另一片花瓣，并在工具箱中选择【吸管】工具，如图 4-75 所示，点击想要复制的色彩，就得到了两个颜色一致的花瓣，如图 4-76 所示。

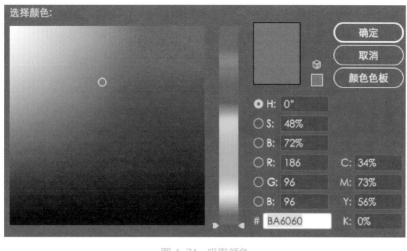

图 4-74 吸取颜色

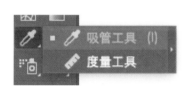

图 4-75 吸管工具　　　　　　　图 4-76 颜色一致的花瓣

⑥步骤 6。

采用同样的方式为画面中的花瓣上色，并在【颜色】面板中吸取所需的颜色，如图 4-77 所示，并复制到另一片花瓣上，就完成了花卉的绘制，如图 4-78 所示。

⑦步骤 7。

在花卉图形绘制完成后，可根据不同需求添加背景及其他装饰，如图 4-79 所示。

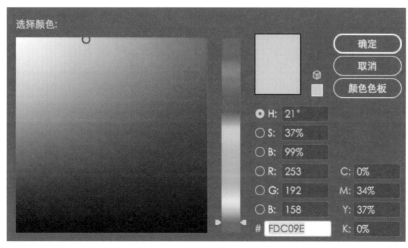

图 4-77 吸取颜色

图 4-78 花卉效果

图 4-79 添加背景及其他装饰

第五章

图案系列

图案可用于填充图形内部，也可进行描边。在 Illustrator CC 中创建的任何图形以及位图图像等都可以定义为图案。用作图案的基本图形可以使用渐变、混合和蒙版等效果。此外，Illustrator 还提供了大量的预设图案，方便用户直接使用。

第一节　图案选项面板

使用【图案选项】面板可以创建和编辑图案，即使是复杂的无缝拼贴图案，也能轻松制作出来。创建好用于定义图案的对象后，如图 5-1 所示，将其选择，执行【对象】→【图案】→【建立】命令，打开【图案选项】面板，如图 5-2 所示。

图 5-1　用于定义图案的对象　　　　图 5-2　【图案选项】面板

【图案拼贴工具】：单击该工具后，画板中央的基本图案周围会出现定界框，如图5-3所示，拖动控制点可以调整拼贴间距，如图5-4所示。

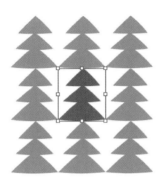
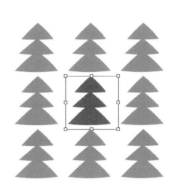

图5-3　定界框　　　　　　　　图5-4　调整拼贴间距

【名称】：用来输入图案的名称。

【拼贴类型】：可以选择图案的拼贴方式。如果选择"砖形"，还可以在【砖形位移】选项中设置图形的位移距离，效果如图5-5所示。

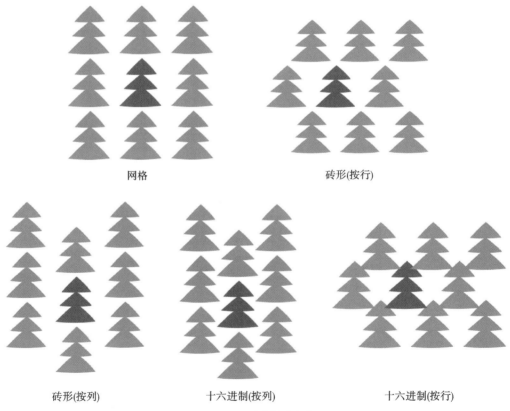

网格　　　　　　　　　　砖形(按行)

砖形(按列)　　　　　十六进制(按列)　　　　十六进制(按行)

图5-5　图案的拼贴方式

【宽度】：可以调整拼贴图案的宽度。如果要进行等比缩放，可以按下【锁链】按钮。

【高度】：可以调整拼贴图案的高度。

【将拼贴调整为图稿大小】：勾选该项后，可以将拼贴调整到与所选图形相同的大

小。如果要设置拼贴间距的精确数值，可勾选该项，然后在【水平间距】和【垂直间距】
选项中输入数值。

　　【重叠】：如果将【水平间距】和【垂直间距】设置为负值，则图形会产生重叠，
按下该选项中的按钮，可以设置重叠方式，包括左侧在前、右侧在前、顶部在前、底部
在前四种重叠方式，效果如图5-6所示。

图5-6　重叠方式

　　【份数】：可以设置拼贴数量包括3×3、5×5和7×7等选项。

　　【副本变暗】：可以设置图案副本的显示程度。如图5-7所示是设置该值为50%
时的效果。

　　【显示拼贴边缘】：勾选该项，可以显示基本图案的边界框，如图5-8所示；取消
勾选，则隐藏边界框，如图5-9所示。

图5-7　显示程度为50%时的效果　　　　图5-8　显示边界框　　　　图5-9　隐藏边界框

第二节　创建无缝拼贴图案

创建无缝拼贴图案的操作步骤如下。

①步骤 1。

打开素材，如图 5-10 所示，按下【Ctrl+A 键】全选，执行【对象】→【图案】→【建立】命令，打开【图案选项】面板，将【拼贴类型】设置为"砖形（按行）"，【份数】设置为"3×3"，如图 5-11 所示。

图 5-10　打开素材

图 5-11　设置参数

②步骤 2。

单击【完成】按钮，如图 5-12 所示，将图案保存到【色板】面板中，如图 5-13 所示。

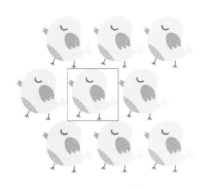

图 5-12　拼贴效果

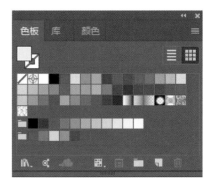

图 5-13　将图案保存到【色板】面板中

③步骤 3。

使用【矩形】工具创建一个矩形，设置填色为黑色，无描边，如图 5-14 所示。保持图形的选取状态，按下【Ctrl+C 键】复制，按下【Ctrl+F 键】粘贴到前面。在工具面板中将填色设置为当前编辑状态，单击【色板】面板中新创建的图案，为矩形填充该图案，如图 5-15 所示。

图 5-14　黑色矩形

图 5-15　填充图案

④步骤 4。

执行【文件】→【置入】命令，选择素材，取消【链接】选项的勾选，如图 5-16 所示，单击【置入】按钮，然后在画板中单击置入图像，如图 5-17 所示。

图 5-16　选择素材

图 5-17　置入图像

第三节　局部定义为图案

局部定义为图案的操作步骤如下。

①步骤 1。

打开素材，如图 5-18 所示。使用【矩形】工具绘制一个矩形，无填色，无描边，如图 5-19 所示。该矩形用来定义图案范围，即只将矩形范围内的图像定义为图案。

②步骤 2。

执行【对象】→【排列】→【置为底层】命令，将矩形调整到最后方。使用选择工具单击并拖出一个选框，将图案图形与矩形框同时选择，如图 5-20 所示，然后拖至【色板】面板中创建为图案，如图 5-21 所示。如图 5-22 所示为使用该图案填充的矩形。

图 5-18　打开素材　　　　　　　　　　图 5-19　用矩形定义图案范围

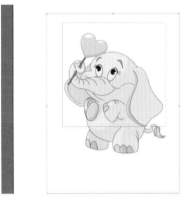

图 5-20　同时选择图案图形与矩形框　　　　　图 5-21　创建为图案

图 5-22　图案填充的矩形

第四节　调整更新图案

调整更新图案的操作步骤如下。

①步骤 1。

打开素材，如图 5-23 所示。单击【色板】面板中的一个图案，如图 5-24 所示，执行【对象】→【图案】→【编辑图案】命令，可以打开【图案选项】面板重新编辑图案，如图 5-25 所示。单击文档窗口左上角的【完成】按钮结束编辑，图案填充效果如图 5-26 所示。

图 5-23　打开素材

图 5-24　编辑图案

图 5-25　【图案选项】面板

图 5-26　图案填充

②步骤 2。

执行【选择】→【取消选择】命令，确保图稿中未选择任何对象。将【色板】面板中的图案拖曳至画板上，如图 5-27 所示。保持图形的选取状态，执行【编辑】→【编辑颜色】→【重新着色图稿】命令，打开【重新着色图稿】对话框，如图 5-28 所示，用它替换图稿的颜色。

图 5-27　将图案拖曳至画板

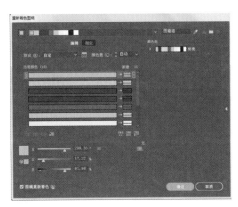

图 5-28　【重新着色图稿】对话框

③步骤 3。

按住【Alt 键】，将修改后的图案拖至【色板】面板中的旧图案色板上，填充该图案的图形会自动更新，如图 5-29 所示。

图 5-29　图形自动更新

实践——带状图案

1. 案例分析

带状图案应用范围广泛，常见于服装、瓷器、窗花、贺卡等作品。此图案样式规律性强，有很好的装饰效果，是设计师使用频率很高的一种装饰图案。下面我们来看一下本案例中的带状图案效果，如图 5-30 所示。

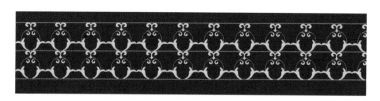

图 5-30　带状图案

2. 设计思路

首先新建一个文档，再使用【钢笔】工具、【选择】工具拖动并复制，绘制出图案中一个单元的基本结构图，然后使用【颜色面板】、【选择】工具、【椭圆】工具、【编组】、【粘性】工具、【直线段】工具、【混合】工具、【复制】、【建立】、【剪切蒙版】等对图案进行组合，制作出带状图案，如图 5-31 所示为制作流程图。

3. 操作步骤

①步骤 1。

按【Ctrl+N 键】，在弹出的对话框中设置页面取向为"横向"，颜色模式设为"CMYK"，单击【确定】按钮，新建一个文档，在控制栏中设置【填色】为"无"，【描边】为"黑色"，【粗细】为"0.5pt"，其目的是使勾画出来的轮廓线粗细统一为 0.5pt。

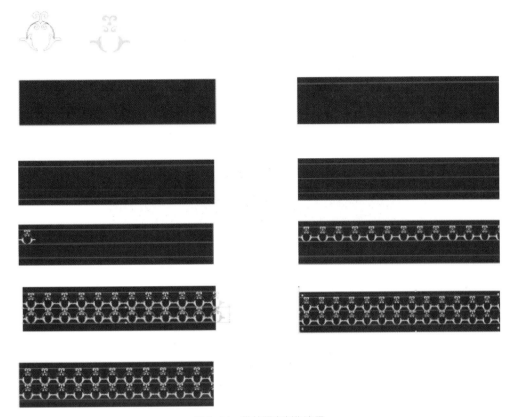

图 5-31 带状图案制作流程

②步骤 2。

在工具箱中选择【钢笔】工具，在画面上勾画出如图 5-32 所示的图案。

③步骤 3。

在工具箱中选择【选择】工具，按【Shift 键】并单击图案，然后在【颜色】面板中吸取所需的颜色，【描边】为"无"，如图 5-33 所示。

图 5-32 勾画图案　　　　　　　图 5-33 填充颜色

④步骤 4。

在工具箱中选择【矩形】工具，移动指针到画面的空白处单击，在弹出的对话框中设置【宽度】为"165mm"，【高度】为"38mm"，如图 5-34 所示，单击【确定】按钮，得到一个矩形，然后在【颜色】面板中设置所需的颜色，如图 5-35 所示。

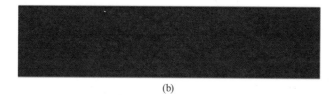

(a)

(b)

图 5-34　绘制矩形

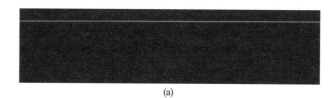

图 5-35　设置颜色

⑤步骤 5。

在工具箱中选择【直线段】工具，在画面上画一条直线，在控制栏中设置【粗细】为 "1pt"，在【颜色】面板中设置描边为所需要的颜色，如图 5-36 所示。

(a)

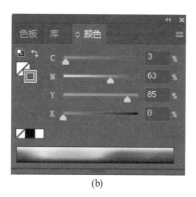

(b)

图 5-36　利用【直线段】工具画直线并设置颜色

⑥步骤 6。

在工具箱中选择【选择】工具，按【Alt 健】向下移到如图 5-37 所示的位置，即可复制一条直线。

图 5-37　复制直线

⑦步骤 7。

在工具箱中双击【混合】工具，在弹出的对话框中设置【指定的步数】为"1"，如图 5-38 所示，单击【确定】按钮，然后在画面中分别单击两条直线，即可得到如图 5-39 所示的直线。

图 5-38　【混合选项】对话框

图 5-39　画直线

⑧步骤 8。

使用【选择】工具将绘制完成的图案拖到矩形中，并放置在适当的位置，如图 5-40 所示。

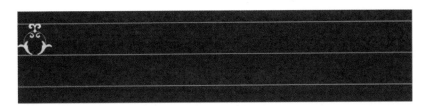

图 5-40　放置图案

⑨步骤 9。

向右移即可复制一个图案单元，使用同样的方法复制多个图案单元，得到如图 5-41

所示的效果图，然后将它们编组。

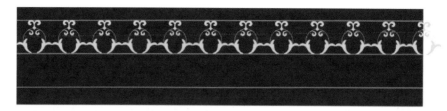

图 5-41　复制图案单元

⑩步骤 10。

再按【Alt 键】向下移至如图 5-42 所示的位置，即可复制一个图案。

图 5-42　下移复制图案

⑪步骤 11。

在工具箱中选择【矩形】工具，在画面上沿着已有的矩形再画一个矩形，如图 5-43
所示。

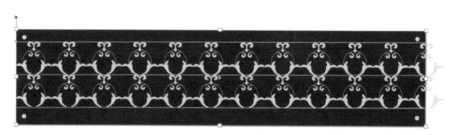

图 5-43　再绘制一个矩形

⑫步骤 12。

在【图层】面板中单击【建立 / 释放剪切蒙版】按钮，如图 5-44 所示，将矩形外
的内容隐藏，从而得到如图 5-45 所示的效果图。图案就制作完成了。

图 5-44　【建立 / 释放剪切蒙版】按钮

图 5-45　隐藏矩形外图形

4. 实物展示

将绘制的图案应用于贺卡示意图，如图 5-46 所示。

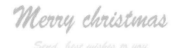

图 5-46 绘制的图案应用于贺卡示意图

实践——圆形图案

1. 案例分析

圆形图案适用于以圆形为载体的器物，如餐具、布类、服装等，圆形图案常以发散式构图，在设计题材上多以花卉为主，有很强的装饰效果，并具有古典韵味。如图 5-47 所示为实例效果图。

图 5-47 实例效果图

2. 设计思路

首先新建一个文档，再使用【椭圆】工具绘制出图案的中心圆，接着使用【钢笔】工具、【颜色】面板、【椭圆】工具绘制出一个图案单元，然后使用【编组】、【旋转】工具、【复制】等复制多个图案单元，以组成圆形图案，最后使用【椭圆】工具、【复制】、【取消编组】、【群组】、【排列】等工具与命令完成图案组合，制作出完整的圆形图案，如图 5-48 所示为制作流程图。

3. 操作步骤

①步骤 1。

按【Ctrl+N 键】新建一个页面为横向的文档，再从标尺栏中拖出两条参考线相交于绘制图案的中心，如图 5-49 所示。然后在工具箱中选择【椭圆】工具，按【Alt+Shift 键】从参考线的交叉点上绘制出一个圆形，如图 5-50 所示。

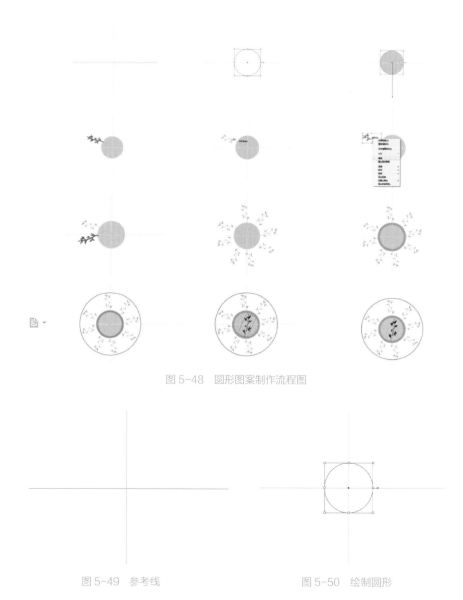

图 5-48　圆形图案制作流程图

图 5-49　参考线　　　　　　　　　　　　图 5-50　绘制圆形

②步骤 2。

在控制栏中设置【描边】粗细为"无"，在【颜色】面板中设置【描边】为所需要的颜色，如图 5-51 所示。

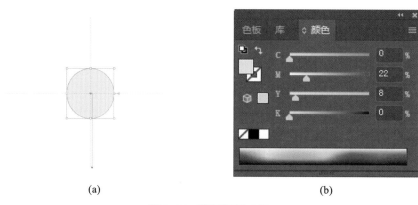

(a)　　　　　　　　　　　　　　　　　　(b)

图 5-51　设置图形的参数

③步骤 3。

在工具箱中选择【钢笔】工具，在画面上勾画出如图 5-52 所示的叶子图案。

图 5-52　勾画出叶子图案

④步骤 4。

在控制栏中设置【描边】粗细为"无"，在【颜色】面板中设置圆形所需要的颜色，如图 5-53 所示。

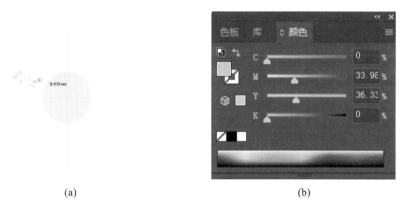

(a)　　　　　　　　　　　　(b)

图 5-53　设置叶子图案的参数

⑤步骤 5。

在工具箱中选择【选择】工具，在画面上框选已画好的图案，按【Ctrl+G 键】将它们编组，如图 5-54 所示。

图 5-54　将图案编组

⑥步骤 6。

在工具箱中双击【旋转】工具，再在画面中将旋转中心点拖动到参考线的交点处，在画面的其他位置按下鼠标左键进行拖动，如图 5-55 所示，到达所需的位置时按下【Alt 键】后先松开鼠标左键再松开【Alt 键】，即可复制一个副本。

⑦步骤 7。

使用同样的方法再复制六个副本，复制好后的效果如图 5-56 所示。

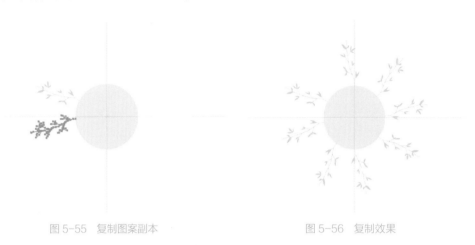

图 5-55 复制图案副本　　　　　　　图 5-56 复制效果

⑧步骤 8。

在工具箱中选择【椭圆】工具，在【颜色】面板中切换【填色与描边】，使填色为图中所示的颜色，如图 5-57 所示。在【描边】面板中设置描边粗细为"60pt"，结果如图 5-58 所示。

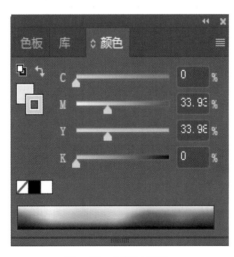

图 5-57 【颜色】面板

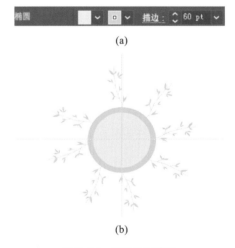

图 5-58 设置描边粗细

⑨步骤 9。

使用同样的方法再画一个圆，选择【吸管】工具，如图 5-59 所示，然后在画面中单击中间的小圆形，以应用小圆形的属性【填色与描边】，再将【描边】改为"20pt"，如图 5-60 所示，完成应用后的效果如图 5-61 所示。

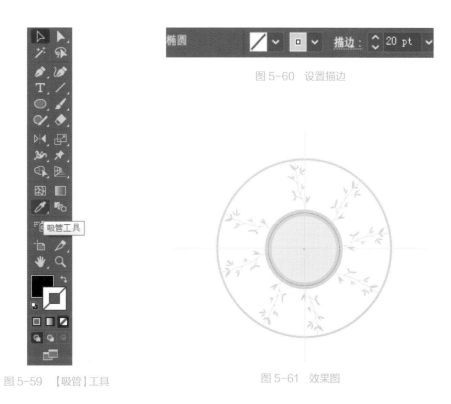

图 5-60　设置描边

图 5-59　【吸管】工具

图 5-61　效果图

⑩步骤 10。

选择其中一朵叶子拖到中心，将其放置在所需的位置。在【颜色】面板中切换【填色与描边】，使填色为图中所示的颜色，【描边】为"无"，如图 5-62 所示。

图 5-62　设置【填色与描边】

⑪步骤 11。

在画面的空白处单击取消选择，按【Ctrl+；键】隐藏参考线。图案就制作完成了，画面效果如图 5-63 所示。

4. 实物展示

此设计可应用在各类装饰性产品中，如图 5-64 所示。

图 5-63　圆形图案效果

图 5-64　圆形图案的应用

实践——布类图案

1. 案例分析

在制作布类花纹设计、背景图案等作品时，可以用到本例中的布类图案效果，布类图案有很强的装饰性，也是生活中较为常见的一种图案形式。如图 5-65 所示为实例效果图。

2. 设计思路

首先新建一个文档，再使用【矩形】工具确定图案的大小，接着使用【矩形】工具、【椭圆】工具、【填色与描边】、【复制】、【不透明度】等绘制出一个图案单元，然后使用【选择】工具、【复制】工具将图案布满矩形，最后使用【参考线】、【椭圆】工具、【比例缩放】工具、【钢笔】工具、【混合】工具、【不透明度】、【旋转】工具、【符号】、【符号着色器】、【符号滤色器】等对图案进行组合，以制作出完整的布类图案，如图 5-66 所示为制作流程图。

3. 操作步骤

①步骤 1。

按【Ctrl+N 键】新建一个纵向的文档，再在工具箱中选择【矩形】工具，在画面中单击，

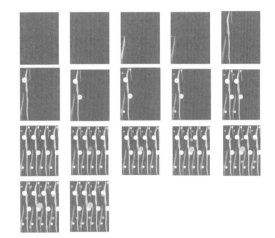

图 5-65　布类图案实例效果　　　　　　　　图 5-66　布类图案制作流程图

在弹出的对话框中设置【宽度】为"140mm"，【高度】为"180mm"，如图 5-67 所示，单击【确定】按钮。在【颜色】面板中设置填色如图所示，【描边】为"无"，效果如图 5-68 所示。

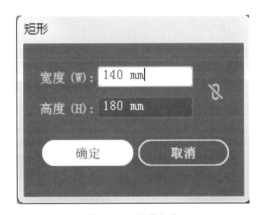

图 5-67　设置参数

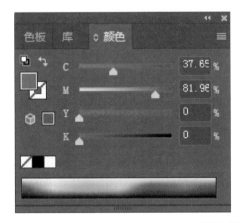

图 5-68　绘制矩形

②步骤 2。

在工具箱中选择【钢笔】工具，在画面上勾画出如图 5-69 所示的条形图案。然后在【颜色】面板中吸取所需的颜色，如图 5-70 所示。

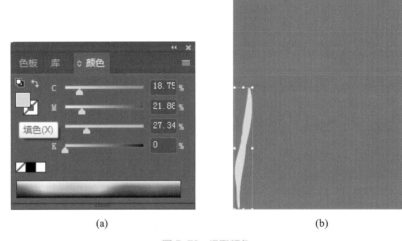

图 5-69　勾画条形图案

(a)　　　　　　　　　　　　　　　　(b)

图 5-70　吸取颜色

③步骤 3。

在控制栏中设置【不透明度】为 50%，得到如图 5-71 所示的效果。

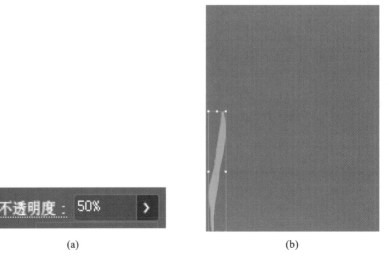

(a)　　　　　　　　　　　　　　　　(b)

图 5-71　设置透明度

④步骤4。

使用同样的方法在画面中绘制几个长条图形，并填充所需的颜色，然后在控制栏中分别设置它们的不透明度（64%），完成后的效果如图5-72所示。

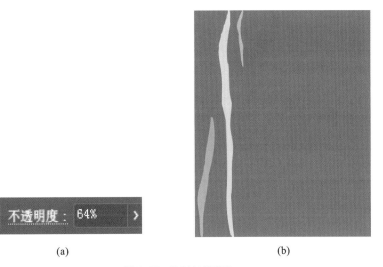

(a)　　　　　　　　　　　　　　　(b)

图5-72　绘制长条图形

⑤步骤5。

使用【椭圆】工具在画面的适当位置画一个椭圆，并在控制栏中设置【填色】为"白色"，【描边】为"无"，效果如图5-73所示。

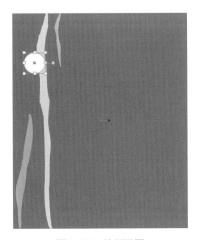

图5-73　绘制椭圆

⑥步骤6。

使用【选择】工具将其拖动到适当位置时按下【Alt键】以复制一个副本，再调整大小，然后在控制栏中分别设置图形的不透明度，如图5-74所示。

⑦步骤7。

使用同样的方法再复制多个副本，并根据需要调整大小，并分别在【颜色】面板中设置填色，在【透明度】面板中分别设置所需的不透明度，完成后的画面效果如图5-75所示。

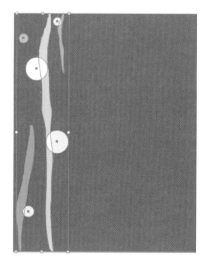

(a)

(b)

图 5-74　设置副本

⑧步骤 8。

使用【选择】工具框选所需的内容，如果所选内容过多，可以按【Shift 键】单击要取消选择的对象，如图 5-76 所示。接着将选择的对象向右拖动到适当位置按下【Alt+Shift 键】复制一个副本，结果如图 5-77 所示。

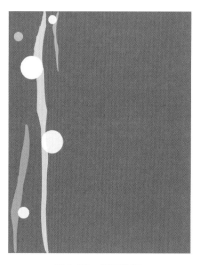

图 5-75　画面效果　　　　　　　　图 5-76　取消选择对象

⑨步骤 9。

用相同的方法，将选择的对象向右拖动到适当位置按下【Alt+Shift 键】复制多个副本，效果如图 5-78 所示。

⑩步骤 10。

在【窗口】菜单中执行【符号】命令，显示【符号】面板，在其中将花朵拖动到画面的中心点处，如图 5-79 所示，松开鼠标左键后即可将该符号置入画面中，在工具箱中单击【选择】工具，将符号调整到所需的大小，如图 5-80 所示。

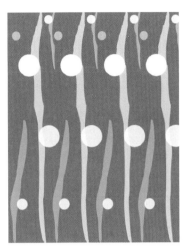

图 5-77 复制副本

图 5-78 复制多个副本

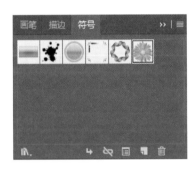

图 5-79 拖动花朵

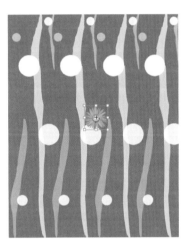

图 5-80 将花朵置入画面中

⑪步骤 11。

在工具箱中双击符号着色器工具，弹出【符号工具选项】对话框，在其中设置【强度】为"10"，其他不变，如图 5-81 所示，单击【确定】按钮，再在【颜色】面板中

(a)

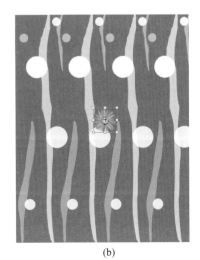

(b)

图 5-81 花朵着色

设置颜色为黄色，如图 5-82 所示，然后在画面中的花朵上单击，即可更改花朵的颜色，画面效果如图 5-83 所示。

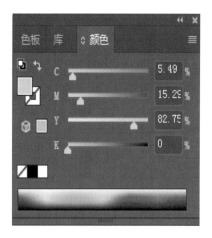

图 5-82　更改颜色

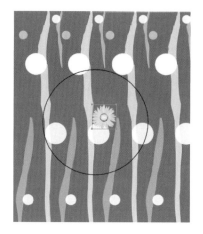

图 5-83　更改花朵颜色效果

⑫步骤 12。

使用同样的方法再置入一个花朵，在工具箱中双击【符号滤色器】工具，弹出【符号工具选项】对话框，设置【强度】为"3"，【直径】为"30mm"，如图 5-84 所示，单击【确定】按钮。然后在画面中单击刚置入的符号，设置【不透明度】为"74%"，画面效果如图 5-85 所示。

图 5-84　设置参数

⑬步骤 13。

在工具箱中单击【选择】工具，再将其拖动并复制到其他所需的位置，再使用【符号滤色器】工具在上方的符号上单击，再次降低不透明度为 39%，画面效果如图 5-86 所示。

⑭步骤 14。

使用【选择】工具将改变不透明度的符号进行移动与复制，效果如图 5-87 所示。

图 5-85　降低不透明度为 74%

图 5-86　降低不透明度为 39%

图 5-87　复制移动的效果

⑮步骤 15。

在工具箱中选择【矩形】工具并在画面中沿着原来的矩形再绘制一个矩形，在工具箱中切换【填色与描边】，如图 5-88 所示。

(a)

(b)

图 5-88　绘制矩形

⑯步骤 16。

在【图层】面板中单击【建立 / 释放剪切蒙版】按钮，建立剪切蒙版，如图 5-89 所示。使用【选择】工具在画面的空白处单击【取消】选择。布类图案就绘制完成了，画面效果如图 5-90 所示。

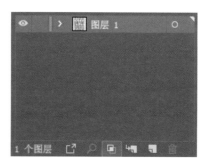

图 5-89　建立剪切蒙版

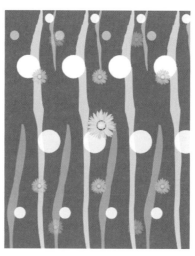

图 5-90　画面效果

第六章
企业 VI 设计

第一节　VI 的概述

VI（Visual Identity），通译为视觉识别系统，是 CI 系统最具传播力和感染力的部分。VI 是将 CI 的非可视内容转化为静态的视觉识别符号，以丰富、多样的应用形式，在最为广泛的层面上，进行最直接的传播。设计到位、实施科学的视觉识别系统，是传播企业经营理念、建立企业知名度、塑造企业形象的快速便捷之道。

企业通过 VI 设计，对内可以获得员工的认同感、归属感，增强企业的凝聚力，对外可以树立企业的整体形象，资源整合，有控制地将企业的信息传达给受众，通过视觉符码不断地强化受众的意识，从而获得认同。VI 为企业 CI 的一部分，企业 CI 包含三个方面，分为 BI 企业行为识别、MI 理念识别、VI 视觉传达识别系统。如图 6-1 所示为 VI 设计的部分产品。

图 6-1　企业 CI 的三个方面

第二节　VI 的设计要素

VI 设计的基本要素系统严格规定了标志图形标识、中英文字体、标准色彩、企业象征图案及其组合形式，从根本上规范了企业的视觉基本要素，如图 6-2 所示。基本要素系统是企业形象的核心部分，而企业的标志则更是 VI 设计的重中之重。

图 6-2　VI 设计的基本要素

（1）企业标志的特点

企业标志有以下特点。

①独特鲜明的识别性是企业标志的首要特点。

②精神内涵的象征性是企业标志的本质特点。

③符合审美造型性是企业标志的重要特点。

④具有实施上的延展性是企业标志的必备特点。

标志设计应考虑到平面、立体以及不同材质上的表达效果，有的标志设计美则美矣，但制作复杂，成本昂贵，必然限制标志应用上的广泛应用。除此之外，企业标志还应具有时代特色。因此，在标志设计过程中，应充分考虑时代色彩，并在以后的实施过程中进行修订。例如中国铁路的标识设计，由工人、火车头与铁轨的断面相融合而成。将"工人"两个汉字进行艺术加工处理，合二为一，构成火车头和铁轨断面的形象，使工人、火车头、铁轨融为一体，行业属性跃然纸上，该设计形象、简洁、明快，凝练概括，寓意深远，如图 6-3 所示。

（2）企业标志的设计原则

从造型的角度来看，标志可以分为具象型、抽象型、具象抽象结合型三种。具象型标志是在具体图像（多为实物图形）的基础上，经过各种修饰，例如简化、概括、夸张等设计而成的，

图 6-3　中国铁路的标识

其优点在于直观地表达具象特征，使人一目了然。

抽象型标志是由点、线、面、体等造型要素组合设计而成的标志。它突破了具象的束缚，在造型效果上有较大的发挥余地，可以产生强烈的视觉刺激，但在理解上容易产生不确定性。

具象抽象结合型标志是最为常见的，由于它结合了具象型和抽象型两种标志设计类型的优点，从而突出表达效果，如图 6-4 所示。

(a)　　　　　　　　　(b)

(c)　　　　　　　　　(d)

图 6-4　具象抽象结合型标志

第三节　VI 的设计原则

VI 设计不是机械的符号操作，而是以 MI 为内涵的生动表述。所以 VI 设计应多角度、全方位地反映企业的经营理念，如图 6-5 所示。VI 设计不是设计人员异想天开的创作而是要求具有较强的可实施性。如果在实施性上过于繁琐，或因成本昂贵而影响实施，再优秀的 VI 设计也会由于难以落实而成为空中楼阁。因此，VI 设计应遵循以下几点原则。

①风格的统一性原则。

②强化视觉冲击的原则。

③强调人性化的原则。

④增强民族个性与尊重民族风俗的原则。

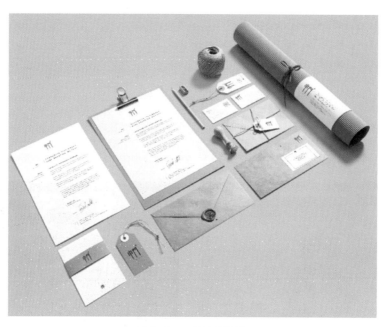

图 6-5　VI 设计的效果

⑤可实施性原则。

⑥符合审美规律的原则。

⑦严格管理的原则。

第四节　VI 设计的创意方法

在 VI 设计过程中，需要设计师们有清晰的思路。而设计师又如何在纷繁复杂的信息中找出清晰的思路呢？我们可以借助经典的"8W 模型"进行归纳总结。"8W"内容如下：① When 什么时候；② Where 什么地方；③ Who 谁；④ Whom 为谁；⑤ What 什么；⑥ Why 为什么；⑦ How 怎样去做；⑧ How much 多少（费用）。

这个方法之所以经典，是因为不同的行业、不同的职业，都可以采用这个方法来理清思路。VI 设计师在接到案子之后必须对客户的需求有明确的了解，必须清楚设计的目标用户，这样才能提炼出设计的主题。

1. 案例分析

"它士设计"生活馆试图创造一种"设计 + 生活 + 科技"的现代化生活方式，让生活更轻松、更便捷。它的作用在于为用户提供更好的产品体验，打通设计产品宣传和用户体验之间不透明的桥梁，将更多优秀的设计产品真正融入人们的日常生活。从而实现设计的价值和终极目的——为了人类明天更美好的生活。

2. 设计理念

因为"It's"的中文意为"它是"，但因为缺少设计生活的含义，于是把"是"换成了谐音"士"，"士"代表精英阶级，所以比较贴合品牌要表达的意义，如图 6-6 所示。

(a)

(b)

(c)

(d)

图 6-6 "它士设计"效果图

实践——标志

操作步骤如下。

①步骤 1。

按【Ctrl+N 键】新建一个文档，【宽度】为"210mm"，【高度】为"297mm"，【方向】为"竖向"，【颜色模式】为"CMYK"，单击【创建】，如图 6-7 所示。

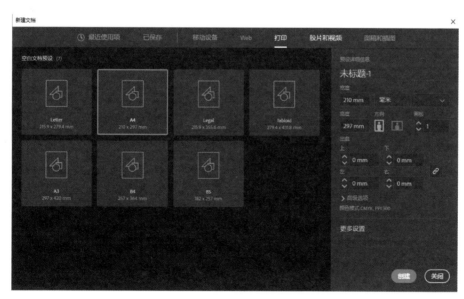

图 6-7 创建文档

②步骤 2。

在工具箱中选择【矩形网格】工具，在页面单击，弹出【矩形网格】工具对话框。

设置其【宽度】、【高度】为"100mm"，【水平分割线】的数量为"10"，【垂直分割线】的数量为"10"，单击【确定】按钮，绘制一个网格，如图 6-8 所示。

 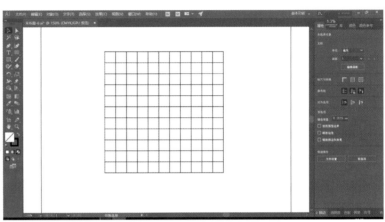

图 6-8　绘制网格

③步骤 3。

选择【钢笔】工具，在网格中勾画出标志的图标部分，如图 6-9 所示。

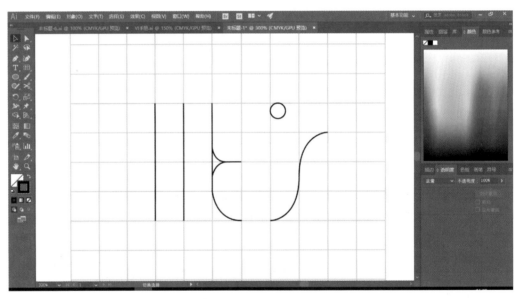

图 6-9　勾画图标

④步骤 4。

选择【窗口】→【描边】命令，打开【描边】控制面板。设置描边填充以及描边的属性，其【描边】粗细为"7"，端点为"圆头端点"，如图 6-10 所示。

⑤步骤 5。

按住【Alt 键】的同时分别将图形拖至合适的位置，复制图形并分别调整图形的大小，如图 6-11 所示。

⑥步骤 6。

按【Ctrl+R 键】打开标尺，调整距离，如图 6-12 所示。

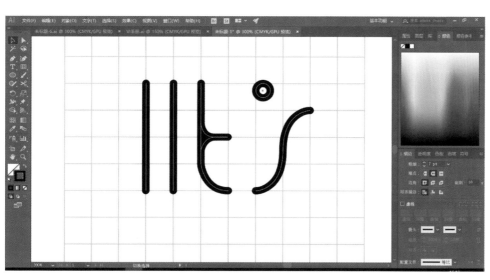

图 6-10　设置描边填充以及描边的属性

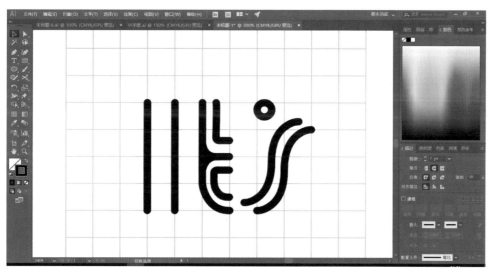

图 6-11　复制图形

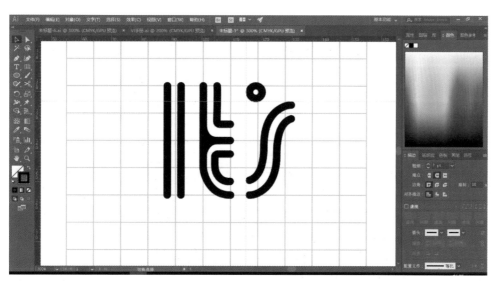

图 6-12　调整距离

⑦步骤 7。

选定当前对象，选择【窗口】→【描边】命令，描边填充，其 C、M、Y、K 值分别为 0、96、95、0，然后选择【对象】→【路径】→【路径化描边】命令，创建线条轮廓，如图 6-13 所示。

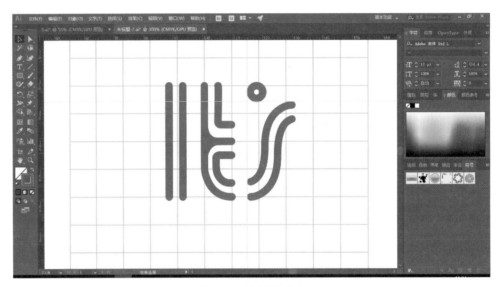

图 6-13　创建线条轮廓

实践——资料袋、文件夹

设计资料袋、文件夹的操作步骤如下。

①步骤 1。

按【Ctrl+N 键】新建一个 A4 大小的文档，【宽度】为"210mm"，【高度】为"297mm"，【方向】为"竖向"，【颜色模式】为"CMYK"，单击【创建】，如图 6-14 所示。

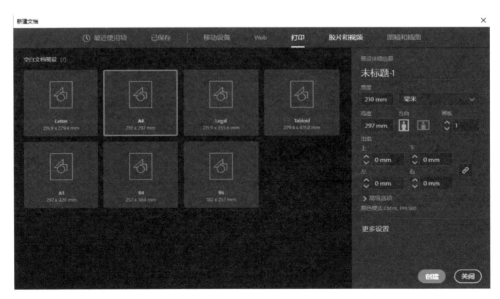

图 6-14　创建文档

②步骤 2。

选择【矩形】工具绘制一个矩形，并对其颜色填充。C、M、Y、K 值分别为 11、94、93、0，【描边】为"无"，如图 6–15 所示。

图 6–15　绘制矩形

③步骤 3。

选择【文件】→【置入】命令，弹出【置入】对话框，选择所需要的素材，单击【置入】按钮，将素材置入页面中，如图 6–16 所示。

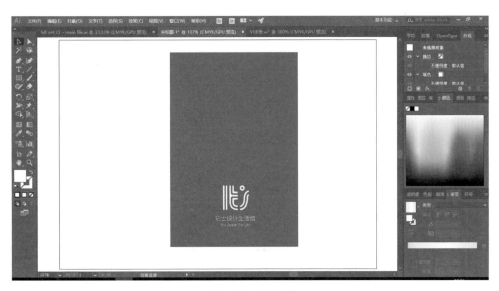

图 6–16　置入素材

④步骤 4。

选择【矩形】工具，绘制一个矩形并对其颜色填充，其 C、M、Y、K 值分别为 4、29、1、0，选择【文字】工具，输入文本。然后选中所需对象，按【Ctrl+G 键】进行编组，如图 6–17 所示。

中文版 *Illustrator CC 2018* 平面设计案例教程

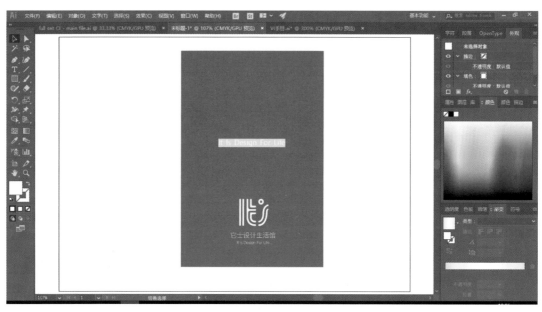

图 6-17　编组

⑤步骤 5。

选择【钢笔】工具，绘制一个折线，并描边填充为白色，【描边】粗细为"5"，【端点】为"平头端点"，【边角】为"斜接连接"，如图 6-18 所示。

图 6-18　绘制折线

⑥步骤 6。

选择【矩形】工具，绘制一个图形。选择【窗口】→【渐变】命令，弹出【渐变】控制面板，在色带上设置 5 个渐变滑块，分别将渐变滑块的位置设为 0、23、52、79、100，并分别设置四个位置的滑块的 C、M、Y、K 值分别为 0、70、100、60，11、90、91、0，11、95、94、0，11、90、91、0，0、70、100、60，如图 6-19 所示。

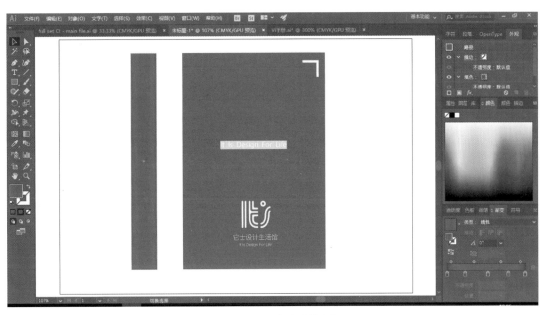

图 6-19　设置渐变滑块（1）

⑦步骤 7。

选择【矩形】工具，绘制一个矩形，选择【窗口】→【渐变】命令，弹出【渐变】控制面板，在色带上设置 5 个渐变滑块，分别将渐变滑块的位置设为 0、23、52、79、100，并分别设置四个位置的滑块的 C、M、Y、K 值分别为 0、0、0、30、0、0、0、10、0、0、0、0、0、0、0、10、0、0、0、20，如图 6-20 所示。

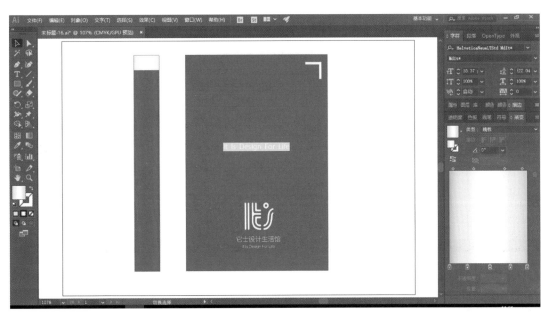

图 6-20　设置渐变滑块（2）

⑧步骤 8。

选定所需对象，按住【Alt 键】的同时，分别将图形拖至合适的位置，复制图形并分别调整其大小，如图 6-21 所示。

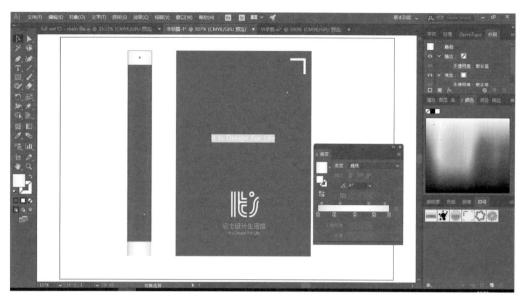

图 6-21　放置图形

⑨步骤 9。

选定所需对象，按住【Alt 键】的同时，分别将图形拖至合适的位置。复制图形并分别调整其大小，如图 6-22 所示。然后选择【旋转】工具，选定图形后，按【Alt 键】选择旋转圆心，出现【旋转】对话框，选择角度为－ 90°，如图 6-23 所示。

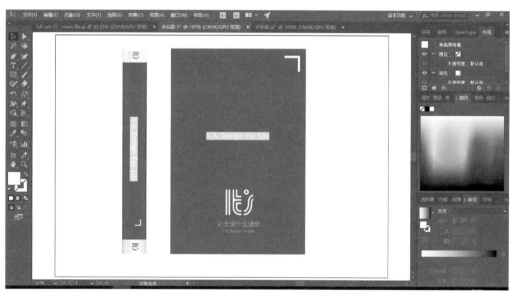

图 6-22　放置图形并调整

图 6-23　选择角度

实践——手提袋

操作步骤如下。

①步骤 1。

按【Ctrl+N 键】新建一个 A4 大小的文档，【取向】为"横向"，点击【创建】即可，如图 6-24 所示。

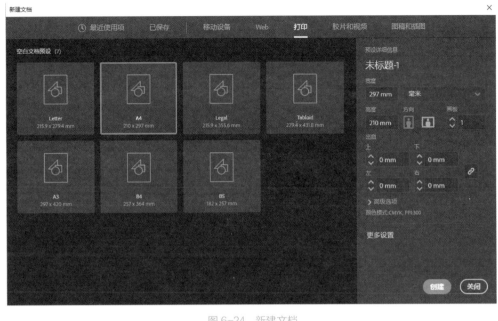

图 6-24　新建文档

②步骤 2。

选择【矩形】工具，绘制一个与画板大小相一致的矩形，并对其颜色填充，C、M、Y、K 值分别为 90、96、95、0，【描边】为"无"，如图 6-25 所示。

图 6-25　绘制矩形

③步骤 3。

选择【矩形】工具绘制一个矩形，并对其颜色填充为"白色"，【描边】为"无"，如图 6-26 所示。

④步骤 4。

选择【矩形】工具，在白色矩形的底部绘制一个矩形，对其颜色填充，其 C、M、Y、K 值分别为 54、100、100、42，【描边】为"无"，如图 6-27 所示。

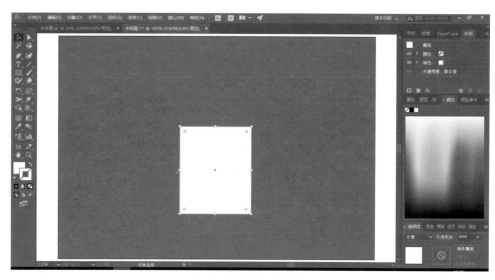

图 6-26　绘制白色矩形

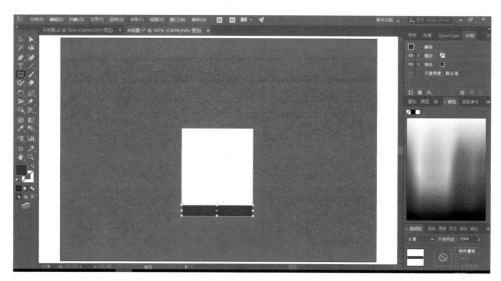

图 6-27　在白色矩形底部绘制矩形

⑤步骤 5。

选择【效果】→【模糊】→【高斯模糊】命令，打开【高斯模糊】控制面板，调节【半径】为"20 像素"，点击【确定】，如图 6-28 所示。

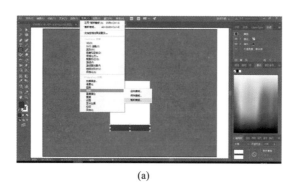

(a)

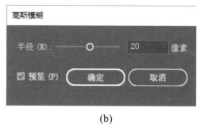

(b)

图 6-28　调节半径

⑥步骤 6。

选定所编辑过的矩形，点击鼠标右键，选择【变换】→【倾斜】命令，打开【倾斜】控制面，调节倾斜角度，点击【确定】，如图 6-29 所示。

图 6-29 调节倾斜角度

⑦步骤 7。

选定编辑过的矩形，点击鼠标右键，选择【排列】→【后移一层】命令，或按【Ctrl+[键】，如图 6-30 所示。

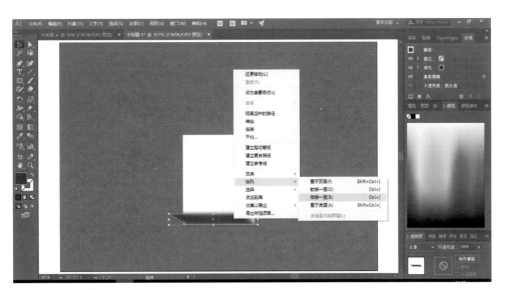

图 6-30 将编辑的倾斜矩形后移一层

⑧步骤 8。

选择【矩形】工具，绘制一个矩形，并对其颜色填充，如图 6-31 所示。

⑨步骤 9。

选择【窗口】→【渐变】命令，打开【渐变】控制面板，选择【渐变类型】为"径向"，并设置 C、M、Y、K 值分别为 0、0、0、40，0、0、0、8，【描边】为"无"，如图 6-32 所示。

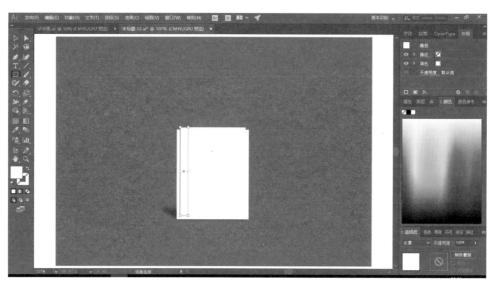

图 6-31　绘制矩形并填充颜色

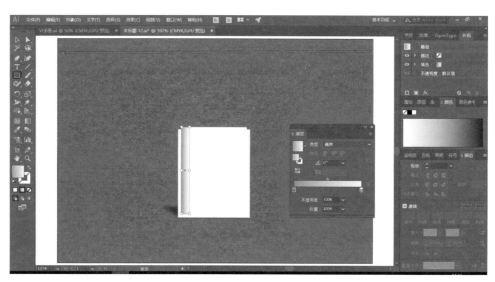

图 6-32　选择渐变类型

⑩步骤 10。

选定对象，按住【Alt 键】，拖至相应的位置，镜像，选择编辑点，调节排列顺序，如图 6-33 所示。

⑪步骤 11。

选择【钢笔】工具，绘制一个不规则图形，并对其颜色填充。选择【窗口】→【渐变】命令，打开【渐变】控制面板，选择【渐变类型】为"径向"，并设置 C、M、Y、K 值分别为 0、0、0、0、0、0、0、30，【描边】为"无"，如图 6-34 所示。

⑫步骤 12。

选择【椭圆】工具绘制一个圆形，对其描边填充，其 C、M、Y、K 值分别为 54、100、100、42。选择【钢笔】工具，绘制一个不规则图形，对其描边填充，【颜色】为"白色"，【端点】为"源头"，如图 6-35 所示。

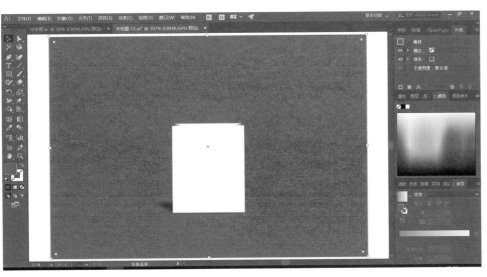

图 6-33 调节排列顺序

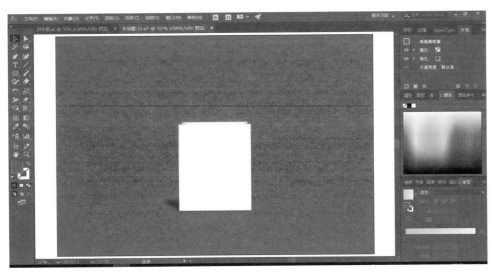

图 6-34 绘制不规则矩形

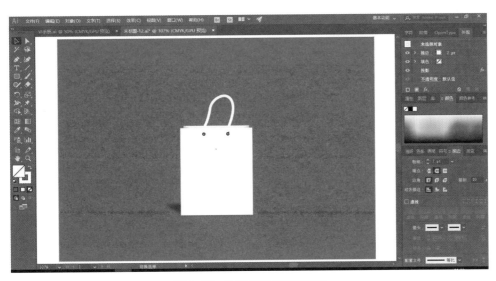

图 6-35 绘制圆形和不规则图形

⑬步骤 13。

选定对象，选择【效果】→【风格化】→【投影】命令，打开【投影】控制面板，【模式】为"正片叠底"，【不透明度】为"75%"，单击【确定】，如图 6 36 所示。

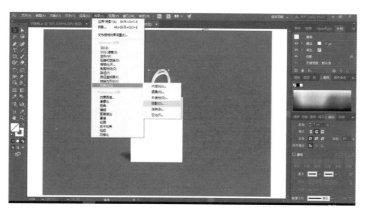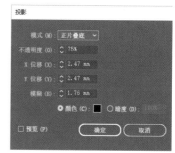

图 6-36　设置参数

⑭步骤 14。

选择【文件】→【置入】命令，选择【文件】→【置入】命令，弹出【置入】对话框，选择所需的素材，单击【置入】按钮，将素材置入页面中，如图 6-37 所示。

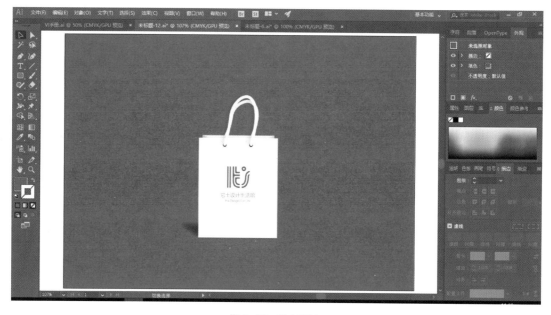

图 6-37　置入素材

134

第七章

海报与插画设计

第一节　关于海报设计

一、海报设计的概念

海报设计属平面设计范畴，它采用平面设计的艺术手法表现广告主题，通过制成印刷品张贴于户内外公共场所，引起大众注意，从而把主题内容转化成视觉信息，迅速传达给受众，给受众留下深刻的印象。

二、海报设计的分类

（1）按内容表现分类

从内容表现上可分为商业海报、公益海报和公共活动海报。

①商业海报：商业海报是以行销、营利为目的的广告，如图7-1所示。

图7-1　商业海报

②公益海报：公益海报是非营利性海报，一般用来宣传国家政令、社会公德、环境保护、交通安全、各种公共纪念日等内容。公益海报的作用在于倡导新风尚，树立新观念，引导新的生活方式，如图 7-2 所示。

③公共活动海报：此类海报的表现对象包含各类展览，如绘画作品展、设计作品展、摄影作品展、图书展、毕业作品展等；各类文化活动，如新闻出版、科技教育、文学艺术、音乐舞蹈、戏剧演出、电影广告、文物、古迹保护、体育竞赛、运动会等，如图 7-3 所示。

图 7-2 公益海报   图 7-3 公共活动海报

（2）按表现技法分类

海报从表现技法上可分为手绘型海报和计算机特效型海报。

①手绘型海报：这类海报以手绘的方式表达主题内容。

②计算机特效型海报：此类海报是随着电子时代的发展而衍生出来的种类。计算机已成为当今设计师必备的工具，计算机处理画面的速度和效果是人力所不能及的。

（3）按创作数量分类

海报从创作数量上可分为单幅海报和系列海报和各种主题型海报。

①大部分海报作品都是以单幅的形式展现在公共场合，单幅海报是区别于系列海报的说法。单幅海报可以连续、并列、重复地张贴，以此形成宣传气氛。

②系列海报是以一种相对固定的形式或内容，表现一个主题或关联主题的多幅海报作品。一组系列海报必须有许多共同点，或在设计要素方面，或在风格方面，或在构图方面。

③主题型海报的内容一般是大众关心的焦点问题，可以提倡一种生活方式，或者发出呼吁、倡议，或由政府号召，或由民间组织。如"同一个世界，同一个梦想""关爱老人""反对艾滋"等相关海报。

三、海报设计的特征

（1）大画面

海报作品与报纸、杂志等广告样式不同，它以大取胜，大尺寸是海报的特征，目的是造成视觉冲击力。它张贴在人流涌动的公共场合，以吸引人们的视觉注意为前提，因此需要足够大的面积。

（2）吸引视线

当今世界已步入信息化时代，是一个高效率、快节奏的时代。我们每天都要接受大量的信息，不论人们身在何处，都会淹没在广告及各种信息之中，在繁杂多样的信息群中，海报要想吸引人们的视线，必须具有强烈的视觉冲击力。

一幅构思与制作平庸的海报，一幅画面色彩与图形平淡的海报，很快就会淹没在信息的海洋里。没有吸引力的海报达不到有效传递信息的目的，也就失去了存在的价值和意义。

（3）创意取胜

海报设计以创意取胜，独具匠心的创意能深化作品主题，以情感人，以理服人，达成广告目的。创意独特是海报设计的特征之一，只有优秀的创意海报设计才能吸引受众，产生相应的价值。

（4）内容广博

海报作品可以体现广博的社会生活，内容包罗万象。

海报的题材广泛，大至国际局势、政治问题、国家专政等内容，小至体育竞赛、文艺演出、展览、展销活动等主题的内容。在公益事业方面，它可以表现交通安全、防灾禁毒、福利、纳税、爱惜能源、保护资源、关爱野生动物、保护生态环境等题材；在商业方面，也可以表现旅游、服务、商品等内容。

全面地反映社会生活使海报设计具有很强的公共性。这一艺术形式在当代文化环境中迅速发展，成为商业广告中文化含量最丰富的一个形式。

第二节　关于插画设计

在现代设计领域中，插画设计可以说是最具有表现意味的，它与绘画艺术有着紧密的联系。插画艺术的许多表现技法都是借鉴了绘画艺术的表现技法。插画艺术与绘画艺术的结合使得插画无论是在表现技法多样性的探求，或是在设计主题表现的深度和广度方面，都有着长足的进展，展示出更加独特的艺术魅力，从而更具表现力。从某种意义上讲，绘画艺术成了基础学科，插画成了应用学科。

纵观插画发展的历史，其应用范围在不断扩大。特别是在信息高速发展的今天，人们的日常生活中充满了各式各样的商业信息，插画设计已成为现实社会重要的艺术形式。

插画的应用范围主要在以下七个方面。

①出版物：书籍的封面、内页、护封、内容辅助等所使用的插画，如图 7-4 所示。

图 7-4　书籍使用的插画

②插画：包括报纸、杂志等编辑上所使用的插画，如图 7-5 所示。

图 7-5　报纸、杂志等使用的插画

③商业宣传：广告类，包括报纸广告、杂志广告、招牌、海报、宣传单、电视广告中所使用的插画，如图 7-6 所示。

④商业形象设计：商品标志与企业形象（吉祥物）。

⑤商品包装设计：包括包装设计及说明图解，如消费指导、商品说明、使用说明书、图表、目录。

图 7-6　广告使用的插画

⑥影视多媒体：影视剧、广告片、网络等方面的角色及环境美术设定或界面设计。

⑦游戏设计：游戏宣传插画，游戏人物设定、场景设定的动画，动画原画设定，漫画设计，卡通设计等商业性绘画都可以算在插画的范畴。

实践——旅游宣传海报设计

1. 案例分析

海报在现代设计中占有重要的地位，广泛用于现代设计的多个领域。本案例为绘制旅游宣传海报，设计的要求是符合主题内容，图案与文字的搭配合理，要求表现出旅游地区的特点，具有文化传播功能。

2. 设计理念

旅游宣传海报是以湘江一桥这个特色景点为原型，青蓝色的海水与橙色的太阳形成强烈对比，让整个画面协调，整体设计给人以清凉、舒爽的感觉，从而使人产生向往之情，最终效果如图 7-7 所示。

3. 操作步骤

①步骤 1。

按【Ctrl+N 键】新建一个文档，在其中设置【宽度】为"530mm"，【高度】为"760mm"，【取向】为"竖向"，单击【创建】按钮，如图 7-8 所示。

②步骤 2。

在【颜色】面板中设置填色，【描边】为"黑色"，效果如图 7-9 所示。

③步骤 3。

在草稿区使用【钢笔】工具勾画出如图 7-10 所示的图案，点击复制即可得到如图 7-11 的效果。

图 7-7　旅游宣传海报

图 7-8　创建文档

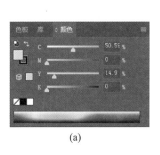

(a)

(b)

图 7-9　填色

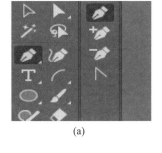

(a)

(b)

图 7-10　勾画图案

④步骤 4。

在【颜色】面板中设置填色为所需的颜色，【描边】为"无"，如图 7-12 所示，得到如图 7-13 所示的效果。使用同样的方法再将选中的形状在【颜色】面板中设置，填色为所需的颜色，【描边】为"无"，效果如图 7-14 和图 7-15 所示。

图 7-11 复制图案

图 7-12 设置填色参数

图 7-13 效果图

图 7-14 选中区域填色（1）

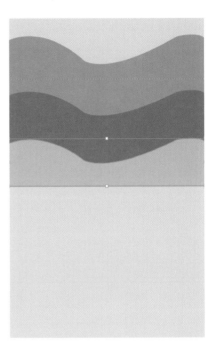

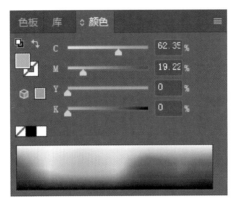

图 7-15　选中区域填色（2）

⑤步骤 5。

在工具箱中选择【椭圆】工具，按【Alt+Shift 键】绘制出一个圆形，如图 7-16 所示，在【颜色】面板中设置所需要的颜色，【描边】为"无"，效果如图 7-17 所示。

图 7-16　绘制圆形

⑥步骤 6。

在工具箱中选择【钢笔】工具，在画面上勾画出如图 7-18 所示的图案。在【颜色】面板中设置所需要的颜色，【描边】为"无"，效果如图 7-19 所示。

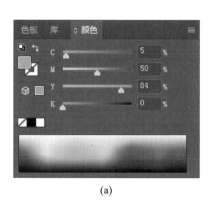

图 7-17　圆形区域填色

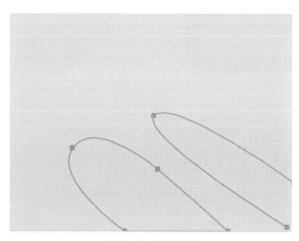

图 7-18　勾画图案

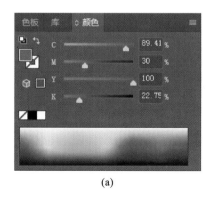

图 7-19　图案填色

⑦步骤 7。

在工具箱中选择【椭圆】工具，按【Alt+Shift 键】绘制出一个圆形，如图 7-20 所示。在【颜色】面板中设置所需要的颜色，【描边】为"无"，如图 7-21（a）所示。效果如图 7-21（b）所示。

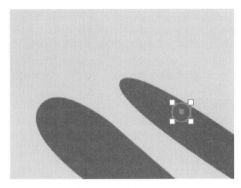

图 7-20　绘制圆形

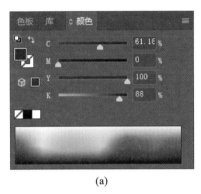

(a)

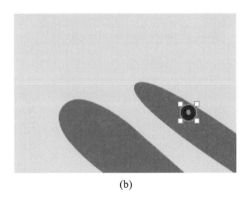

(b)

图 7-21　圆形区域填色

⑧步骤 8。

在工具箱中选择【选择】工具，按住【Shift 键】选择外面的矩形和里面的圆形，将两个图形选取，显示【路径查找器】面板，在其中单击（顶层）按钮，如图 7-22 所示，得到如图 7-23 所示的结果。

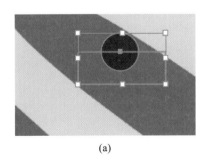

(a)

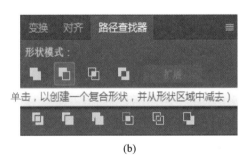

(b)

图 7-22　【路径查找器】面板

⑨步骤 9。

按【Ctrl+C 键】复制图形。按【Ctrl+F 键】将其粘贴在前面。按住【Alt+Shift 键】的同时，等比例缩小复制的图形，并将填充色设置成所需的颜色，【描边】为"无"，效果如图 7-24 所示。

图 7-23 选取后的效果

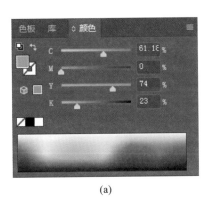

(a)

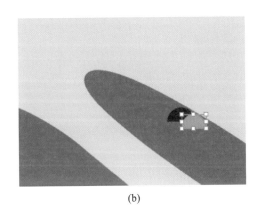

(b)

图 7-24 复制并填充颜色

⑩步骤 10。

在工具箱中选择【圆角矩形】工具绘制出一个圆角矩形，如图 7-25 所示，在【颜色】面板中设置所需要的颜色，【描边】为"无"，效果如图 7-26 所示。

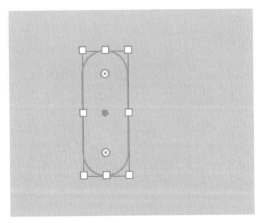

图 7-25 绘制圆角矩形

⑪步骤 11。

按【Ctrl+C 键】复制图形。按【Ctrl+F 键】，将其复制三组，然后进行编组，如图 7-27 所示。

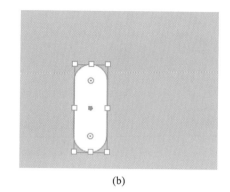

(a)

(b)

图 7-26 填充颜色

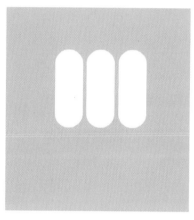

图 7-27 复制图形并编组

⑫步骤 12。

选择【多边形】工具在所需的位置画出一个三角形，如图 7-28 所示，接着在工具箱中选择【选择】工具，按住【Shift 键】选择外面的三角形和里面图形，选取两个图形，显示【路径查找器】面板，在其中单击【减去顶层】按钮，如图 7-29 所示，得到如图 7-30 所示的结果。

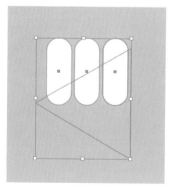

图 7-28 绘制三角形

⑬步骤 13。

选择【镜像】工具中的【垂直】选项，角度为 90°，点击复制然后进行编组，如图 7-31 所示。

图 7-29 【路径查找器】面板

图 7-30 减去顶层的效果

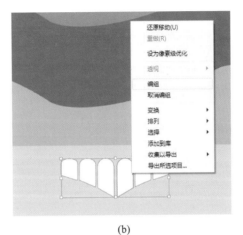

(a)   (b)

图 7-31 复制图像并编组

⑭步骤 14。

按【Ctrl+C 键】复制图形。按【Ctrl+F 键】将图像复制多组并放到适当的位置，在工具箱中单击【选择】工具，选择多组图形，再使用【对齐】工具在对齐画板的符号上单击，画面效果如图 7-32 所示。

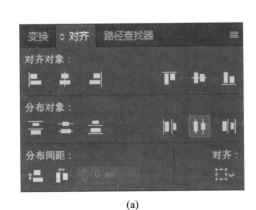

(a)   (b)

图 7-32 【对齐】工具及效果图

⑮步骤 15。

在工具箱中选择【矩形】工具，在【颜色】面板中设置所需要的颜色，【描边】为"无"，并放在如图 7-33 所示的位置上。按【Ctrl+C 键】复制图形。按【Ctrl+F 键】将其复制多组并放到适当的位置，如图 7-34 所示。

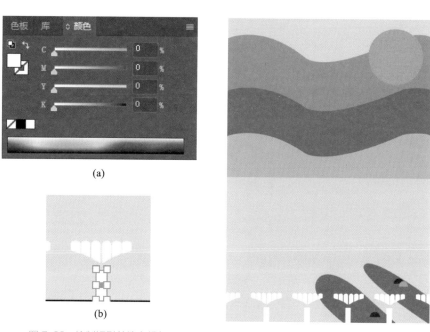

图 7-33　绘制矩形并填充颜色　　　　图 7-34　复制图形并放置在合适的位置

⑯步骤 16。

用【钢笔】工具勾画出如图 7-35 所示图形，然后在【颜色】面板中设置【描边】为"灰色"，【填色】为"白色"，显示【描边】面板，在【描边】面板中设置【粗细】为"40pt"，如图 7-36 所示。

图 7-35　勾画图形

⑰步骤 17。

使用相同方法用【钢笔】工具勾画出如图 7-37 所示图形，然后在【颜色】面板中设置【描边】为"白色"，【填色】为"白色"，显示【描边】面板，在【描边】面板中设置【粗细】为"4pt"，如图 7-38 所示。最终效果如图 7-39 所示。

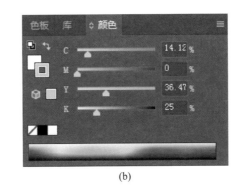

(a)   (b)

图 7-36 设置参数

图 7-37 勾画图形

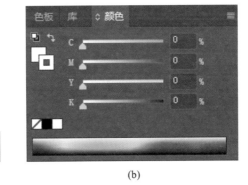

(a)   (b)

图 7-38 设置参数

图 7-39 最终效果

⑱步骤 18。

用【钢笔】工具勾画出如图 7-40 所示图形，然后在【颜色】面板中设置【描边】为"无"，【填色】为"灰色"，显示【描边】面板，在【描边】面板中设置【粗细】为"14pt"，如图 7-41 所示。最终效果如图 7-42 所示。按【Ctrl+C 键】复制图形。按【Ctrl+F 键】将其复制多组并放到适当的位置，如图 7-43 所示。

图 7-40　勾画图形

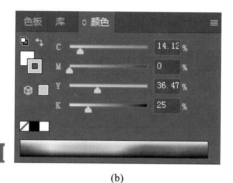

图 7-41　设置参数

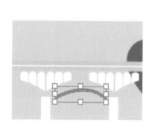

图 7-42　图形效果

图 7-43　复制

⑲步骤 19。

在工具箱中选择【矩形】工具，绘制出一个矩形，如图 7-44 所示。在【颜色】面板中设置所需要的颜色，【描边】为"无"，并放在如图 7-45 所示的位置上。

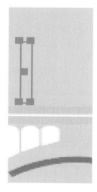

图 7-44　绘制矩形

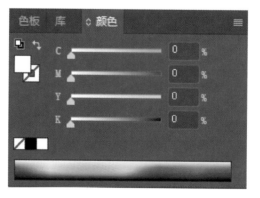

图 7-45　填充颜色并放置图形

⑳步骤 20。

在工具箱中选择【椭圆】工具，按【Alt+Shift 键】绘制出一个圆形，在【颜色】面板中设置所需要的颜色，【描边】为"无"，效果如图 7-46 所示。按【Ctrl+C 键】复制图形。按【Ctrl+F 键】将其复制多组并放到适当的位置，如图 7-47 所示。

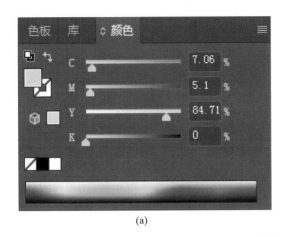

(a)　　　　　　　　　　　　　　　　　(b)

图 7-46　绘制图形

㉑ 步骤 21。

用【钢笔】工具勾画出如图 7-48 所示图形，然后在【颜色】面板中设置【描边】为"黑色"，【填色】为所需要的颜色，最终效果如图 7-49 所示。使用相同的方法画出所需的图形，【填色】为所需要的颜色，如图 7-50 所示。再把绘制的图形放在海报的适当位置，旅游宣传海报设计就绘制完成了，最终效果如图 7-51 所示。

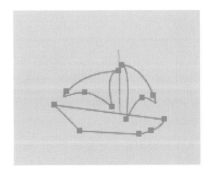

图 7-47　复制　　　　　　　　　　　图 7-48　勾画图形

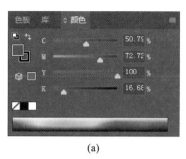
(a)

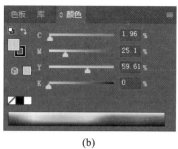
(b)

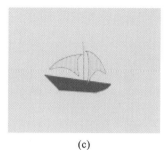
(c)

图 7-49　设置参数

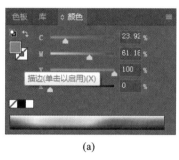
(a)

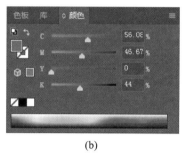
(b)

(c)

图 7-50　绘制图形并设置相应参数

4. 实物展示

旅游宣传海报设计实物展示如图 7-52 所示。

图 7-51　最终效果图

图 7-52　旅游宣传海报设计实物展示

实践——艺术展览海报设计

1. 案例分析

海报具有艺术审美功能，优秀的海报作品应符合美学原则。本案例是艺术展览海报设计，在准确传达信息的同时，这种赏心悦目的视觉感受能够进一步吸引大众的注意，产生情感上的共鸣，有效地传达信息，使其产生消费欲望或行动。

2. 设计理念

海报背景是以几何形体拼贴而成，图形、色彩、编排等组合产生的效果还能给人带来审美的愉悦感，满足大众的审美需求，具有很强的设计感。最终效果如图 7-53 所示。

3. 操作步骤

①步骤 1。

按【Ctrl+N 键】新建一个文档，在其中设置【宽度】为"530mm"，【高度】为"760mm"，【取向】为"竖向"，单击【创建】按钮，如图 7-54 所示。

图 7-53　艺术展览海报设计

图 7-54　新建文档

②步骤 2。

在【颜色】面板中设置填色如图所示，【描边】为"无"，效果如图 7-55 所示。

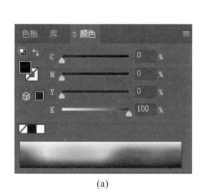

(a)

(b)

图 7-55　设置填色

③步骤 3。

在工具箱中选择【矩形】工具，绘制出一个矩形，如图 7-56 所示。在【颜色】面板中设置所需要的颜色，【描边】为"无"，效果如图 7-57 所示。

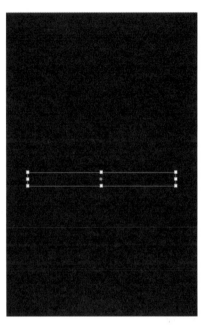

图 7-56　绘制矩形

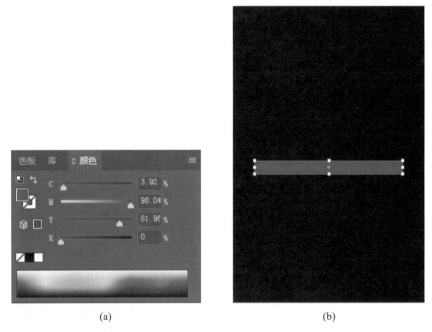

(a)　　　　　　　　　　　　　　　(b)

图 7-57　设置颜色参数

④步骤 4。

选择【变换】中的【倾斜】工具，如图 7-58 所示，弹出【倾斜】对话框，在其中设置【倾斜角度】为 45°，【轴】为【水平】，单击【确定】按钮，如图 7-59 所示。

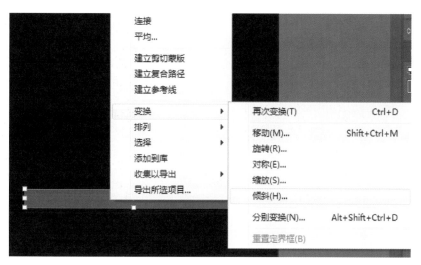

图 7-58　【倾斜】工具

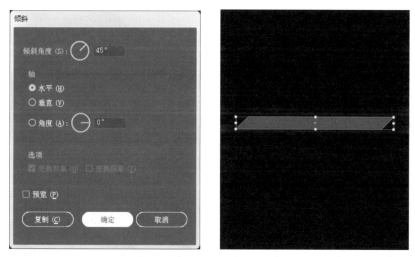

图 7-59　设置参数

⑤步骤 5。

选择【变换】中的【旋转】工具，如图 7-60 所示，弹出【旋转】对话框，在其中设置【旋转角度】为 45°，单击【确定】按钮，如图 7-61 所示。再选择【选择】工具，拖动图形到适当的位置，如图 7-62 所示。

图 7-60　"旋转"工具

(a)   (b)

图 7-61   设置参数

⑥步骤 6。

按【Ctrl+C 键】复制图形。按【Ctrl+F 键】将其复制，然后调整到合适尺寸，并放到适当的位置，如图 7-63 所示。在【颜色】面板中设置填色，【描边】为"无"，得到如图 7-64 所示的结果。用相同的方法在【颜色】面板中设置填色，【描边】为"无"，得到如图 7-65 所示的结果。

   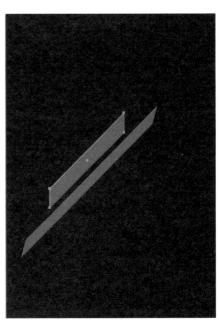

图 7-62   拖动放置在合适位置   图 7-63   复制图形并放置在合适的位置

⑦步骤 7。

选择【矩形】工具在所需的位置画一个矩形，如图 7-66 所示。然后在工具箱中选择【选择】工具，按住【Shift 键】选择外面的矩形和里面的图形，将两个图形选取，如图 7-67 所示。显示【路径查找器】面板，在其中单击【减去顶层】按钮，得到如图 7-68 所示的结果。

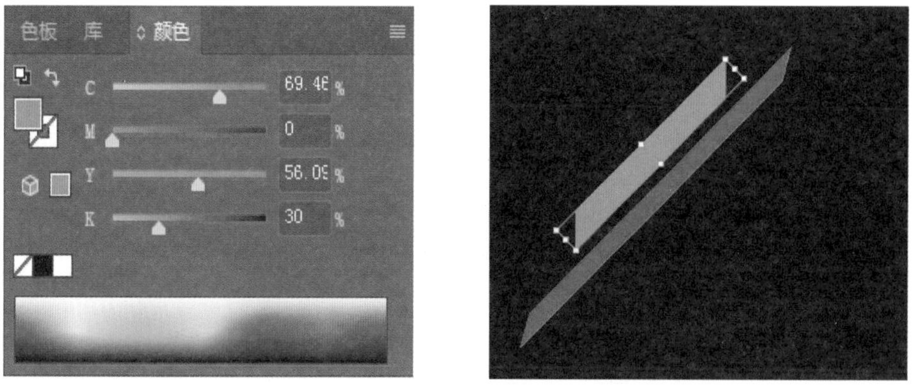

(a)　　　　　　　　　　　(b)

图 7-64　设置填色 (1)

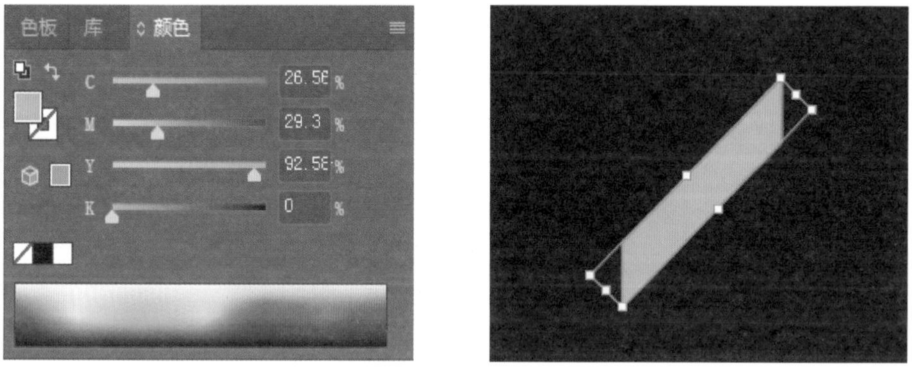

(a)　　　　　　　　　　　(b)

图 7-65　设置填色 (2)

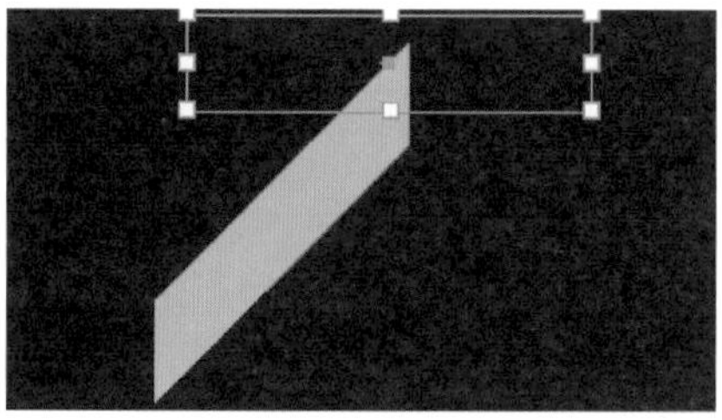

图 7-66　绘制矩形 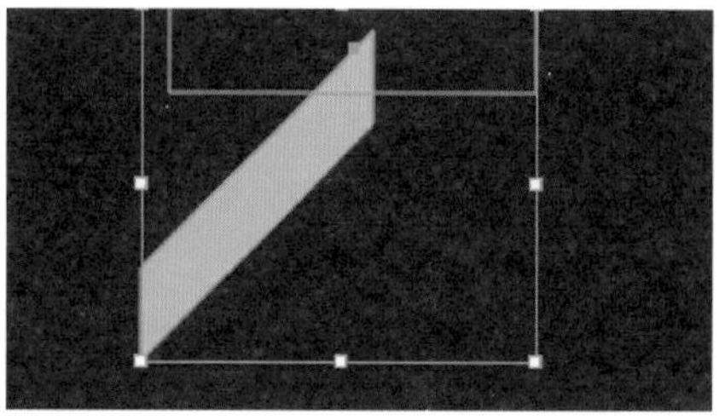　　　　　　　　　图 7-67　选取两个图形

(a)　　　　　　　　　　　(b)

图 7-68　点击【减去顶层】按钮及其效果

⑧步骤 8。

使用同样的方法在画面中绘制几个长条图形，按【Ctrl+C 键】复制图形。按【Ctrl+F

键】将其复制，然后调整到合适的尺寸，并放到适当的位置，填充所需的颜色，最终效果如图 7-69 所示。

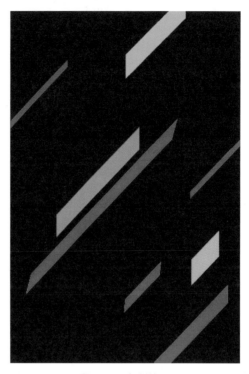

图 7-69　复制效果

⑨步骤 9。

使用【椭圆】工具在画面中的适当位置画一个椭圆，如图 7-70 所示。选择【吸管】工具，如图 7-71 所示。然后在画面中单击中间的矩形，以应用小圆形的属性【填色与描边】，效果如图 7-72 所示。使用同样的方法在画面中绘制几个圆形，将其复制，然后调整到合适的尺寸，并放到适当的位置，填充所需的颜色，最终效果如图 7-73 所示。

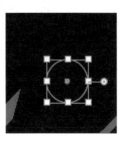

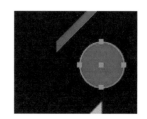

图 7-70　绘制椭圆　　　　图 7-71　【吸管】工具　　　　图 7-72　填色与描边

图 7-73　复制效果

⑩步骤 10。

在工具箱中选择【矩形】工具，绘制出一个矩形，如图 7-74 所示。在【颜色】面板中设置所需要的颜色，【描边】为"无"，效果如图 7-75 所示。

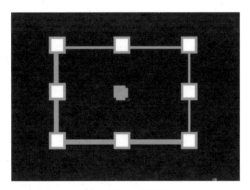

图 7-74　绘制矩形

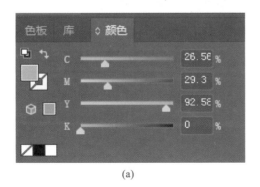

(a)

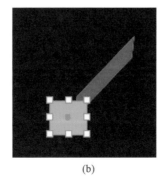

(b)

图 7-75　设置颜色

⑪步骤 11。

选择【选择】工具将矩形选取，选择【排列】工具中的【后移一层】命令，所选的矩形就后移一层，如图 7-76 所示。

(a)   (b)

图 7-76　将矩形后移一层

⑫步骤 12。

选择【多边形】工具在所需的位置画出一个三角形，如图 7-77 所示，接着选择【吸管】工具，如图 7-78 所示，然后在画面中单击中间的矩形，以应用小圆形的属性【填色与描边】，效果如图 7-79 所示。将其复制，然后调整到需要的大小，并放到适当的位置。

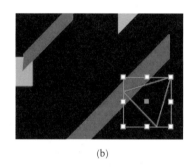

(a)   (b)

图 7-77　绘制三角形

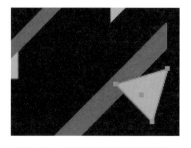

图 7-78　【吸管】工具   图 7-79　应用小圆形的属性效果

⑬步骤 13。

在工具箱中选择【矩形】工具，绘制出一个矩形，如图 7-80 所示。在【颜色】面板中设置所需要的颜色，【填色】为"无"，如图 7-81 所示。显示【描边】面板，在【描边】面板中设置【粗细】为"40pt"，如图 7-82 所示。最终效果如图 7-83 所示。

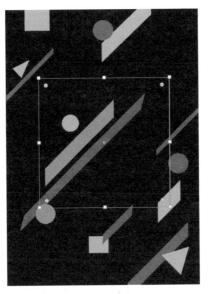

图 7-80　绘制矩形

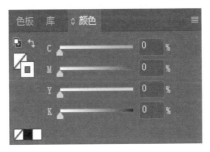

图 7-81　设置颜色

图 7-82　设置描边

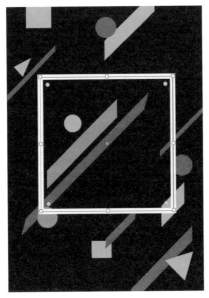

图 7-83　矩形最终效果

⑭步骤 14。

选择【文字】工具，在页面中输入需要的文字，如图 7-84 所示。选择【选择】工具，在属性栏中选择合适的字体并设置文字大小，填充文字为"白色"，如图 7-85 所示。

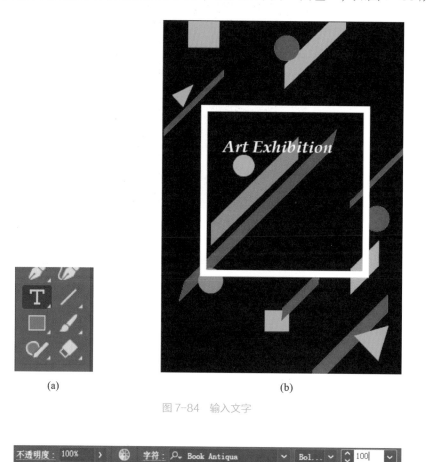

(a)   (b)

图 7-84　输入文字

图 7-85　设置文字属性

⑮步骤 15。

在【文字】工具中输入需要的文字，在属性栏中选择合适的字体并设置字号大小，如图 7-86 所示，填充文字为"白色"，最终效果如图 7-87 所示，艺术展览海报设计绘制完成。

图 7-86　设置文字属性

4. 实物展示

艺术展览海报设计实物展示如图 7-88 所示。

图 7-87　字体设计最终效果

图 7-88　艺术展览海报设计实物展示

第八章
产品包装设计

第一节　包装设计的概念

　　包装是一门综合性的科学，也是现代产品在市场流通中的重要组成部分。在商品流通、销售的过程中，包装是实现产品商业价值和使用价值的重要手段。包装不仅是物质的需求，更是精神生活不可缺少的一部分。按包装的功能分类，包装可分成运输包装和销售包装两种。而在本书中我们着重讲解销售包装的设计。销售包装又称内包装或小包装，是直接接触商品并随商品进入零售网点与消费者或用户直接见面的包装，如图 8-1 所示。

图 8-1　销售包装

第二节 包装设计与品牌

"品牌"是当今营销领域及设计领域强调得最多的一个词，全球企业界已从单一的产品营销发展到品牌营销这一高级阶段，创立品牌便成为所有谋求长远发展的公司的共同选择。品牌的价值也正如 1996 年美国《财富》杂志所指："品牌代表一切。"

何谓"品牌"，《营销术语词典》（1998）中定义："品牌是指用以识别一个（或一群）卖主的商品或劳务的名称、术语、记号、象征或设计，及其组合，并用以区分一个（或一群）卖主和竞争者。"既然是组合体，这种组合必须是强大的，具有生动性、丰富性以及复杂性的多样统一。

从实践上看，品牌应该是一个营销学上的概念，这种概念是消费者长期使用该商品和服务而获得的，它的内涵极其深远、广泛。我们一旦触及到某种品牌，自然而然会产生一系列的联想，如它的标志、文字、色彩、产品形象、包装、广告、服务等，品牌内容的丰富性已表明：它所代表的产品不是普通的产品，它提升了产品在消费者心目中的"无形价值"。正因如此，品牌是一种有效的营销沟通工具，它是建立在产品与消费者之间的桥梁。品牌往往支配着购买决定，所以，品牌的创立成功与否关系着产品的销售成败。在高科技迅猛发展的今天，保证产品质量已不是攻不可破的难题，产品的科技含量早已缩短了产品与产品之间的质量差距，而产品的外部商品形式——包装则日显重要。因此，创立品牌的战略离不开商品的包装。

商品的包装是商品与消费者直接面对的第一线。消费者不可能直接与公司本体接触，而市场上的产品才是消费者真正接触的东西，消费者欲购产品，又得审视包装。由此可见，包装直接成为产品形象，同时又是品牌形象的具体化、标识化。包装设计几乎成为品牌形象直接传播与推出的关键。若要给商品赋予一个强烈具有代表性的品牌识别形象，包装设计的重点应该是包装的视觉传达设计，如图 8-2 所示。

(a)

(b)

图 8-2　包装的视觉传达设计

第三节　包装的视觉传达设计

（1）包装设计要素

包装是信息传达的工具，从生产商到消费者之间都必须有最佳的视觉传递能力。包装的视觉传达设计就是运用视觉语言传达商品信息，沟通生产商、经销商与消费者之间的联系。

包装视觉传达设计由五大要素组成：色彩、图形、商标、文字以及构成。案例如图8-3所示。

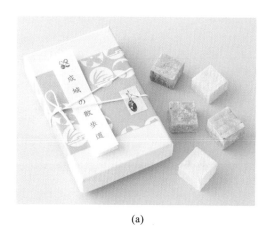
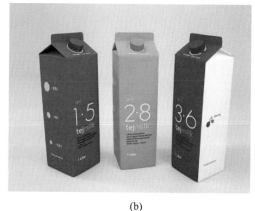

(a)　　　　　　　　　　　　　　　　　(b)

图8-3　包装设计的要素

（2）包装设计的原则

包装的视觉传达设计不等于装饰美化，尤其不能以对装饰美化的个人喜好为设计原则。它必须以准确、充分地表达商品信息为基础，将视觉的审美性融于其中，使商品通过包装更加完美地展示在消费者面前，从而创造更多的销售机会。

①表达准确。

设计师借用图形来传递商品信息时，最关键的一点便是准确达意。无论是采用具象的图片来说明商品的实际情况，还是运用绘画手段来夸张商品特性，亦或是用抽象的视觉符号去激发消费者的情绪，总之设计师对商品品质的正确导向才是图形设计的关键。

对商品信息的准确表达当然还包括所选用图形的真实可信，如果所有的速食面包装还一如既往地用令人垂涎的大龙虾、大鸡腿等加面条的摄影图片，这种过分的夸张必定会引起消费者的反感。因此，无论我们在包装上采用什么样的图形，都应当准确地体现出商品的真实信息，这不仅有利于培养消费者对该商品的信赖感，也有利于培养对该品牌的忠实度。

②个性鲜明。

当一个包装拥有与众不同的图形设计，它就能避免目前市场存在的包装"雷同性"现象，从而在众多商品中脱颖而出。因此，设计师要想吸引消费者关注的目光，就得将图形设计得个性鲜明。

个性化的图形设计有时会需要一种逆向性的表现，它可以是图形本身的怪诞化，也可以是图形编排中的反常化，一些看似不太合理的特殊形象以及不太寻常的复合造型，这种常态中的悖理往往可以给人更多思考和联想的空间，在寻常中展现特别的光彩。

③审美性强。

一个成功的包装，其图形设计必然应符合人们的审美需求，所谓感性满足是消费的高层次表现，这正是继第三次以信息化为特征的消费浪潮后的消费文化特征。无论包装图形的表现方式如何，个性如何，它带给人们的必须是美好而健康的感受，即能唤起个人情感的体验，也能引起美好的遐想和回忆，如图 8-4 所示。

图 8-4　包装的图形设计

第四节　包装设计的步骤

包装设计的步骤如下。

①首先要了解产品的尺寸、形状、用途，以及产品包装是否有特殊要求（如防伪、特殊的材料等）。

②如果有创意灵感，可以先在纸上进行手绘，这个过程可能需要进行若干修改（如尺寸、结构、平面上的），手绘通过就可以进行电脑绘制了。

③通常设计包装的平面图要先绘制出其结构图，然后将结构图导到 AI 中进行平面设计的绘制。

④设计出来确认后，就可以印刷并投入使用，如图 8-5 所示。

图 8-5　包装设计效果

实践——牛奶包装设计

1. 案例分析

　　包装设计在现代社会中已进入多元化发展的时期。形式多样、内容广泛、以创新为动力的设计潮流打破传统与现代形式，制造了太多炫目繁杂的设计样式，太多的设计边缘化与模糊化了审美法则。但本案例重点在于讨论复归传统，追求简约与秩序化的设计原则，以避免由于过多图像设计的混合而导致的视觉疲劳，抓住那些关键的因素，创造单纯、简洁、高雅、清晰的包装设计。

2. 设计理念

　　乌兰察布蒙语"红色的山崖"。内蒙古作为中国黄金奶源带之一，奶资源丰富且优良。蒙古人口食三餐，每餐都离不开牛奶。以牛奶为原料制成的食品，蒙古语称"查干伊得"，意为圣洁、纯净的食品，即"白食"。该牛奶包装设计的主要元素是独特的蒙古族元素——云纹。在蒙古族的吉祥纹样中，运用最广的就是云纹，寓意"气运腾达"。纯色的设计简洁大方，让消费者看到包装就仿佛感受到了牛奶的醇香鲜浓。

3. 操作步骤

① 步骤 1。

按【Ctrl+N 键】新建一个 A4 大小的文档，【取向】为"横向"，点击【创建】即可，如图 8-6 所示。

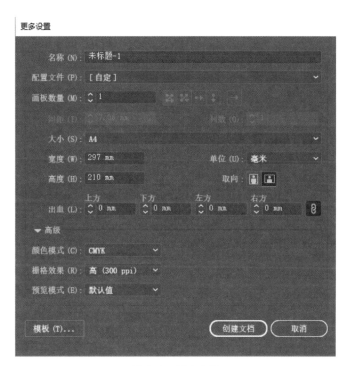

图 8-6　新建文档

② 步骤 2。

选择【直线线段】工具，绘制牛奶盒的展开图形，如图 8-7 所示。

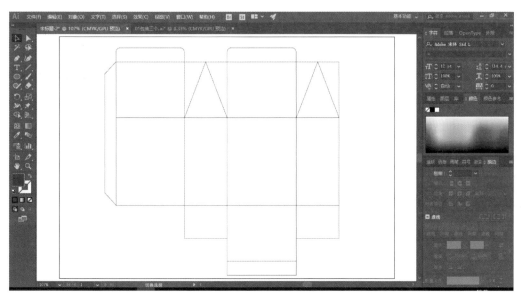

图 8-7　绘制牛奶盒的展开图形

③步骤 3。

选择【钢笔】工具绘制主体图案，并对其颜色填充，设置其 C、M、Y、K 值，如图 8-8 所示。

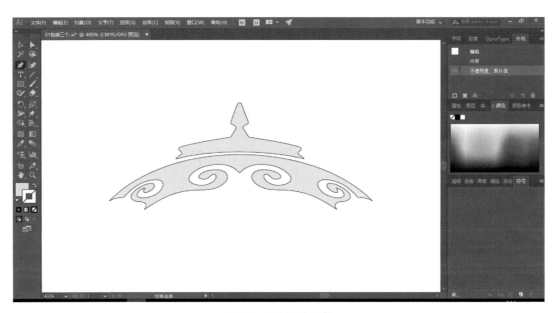

图 8-8　绘制主体图案

④步骤 4。

将图形拖至适当的位置，按住【Alt 键】的同时分别将图形拖至合适的位置，复制图形并分别调整其大小到合适状态，如图 8-9 所示。

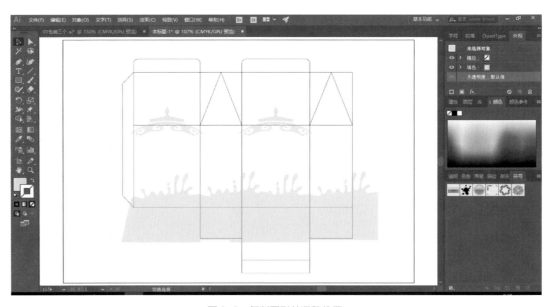

图 8-9　复制图形并调整位置

⑤步骤 5。

选择【矩形】工具，绘制一个与该包装盒立面大小相等的矩形，【颜色填充】为"无"，如图 8-10 所示。

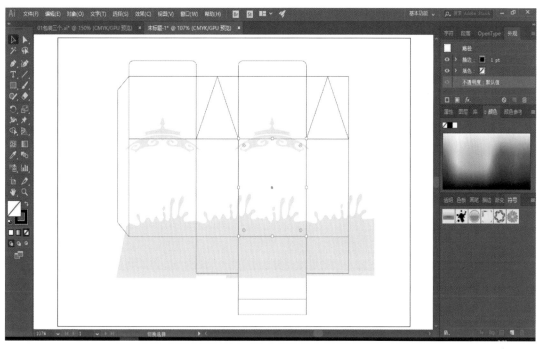

图 8-10　绘制矩形

⑥步骤 6。

选中该立面所需的图形，选择【对象】→【创建蒙版】→【建立】命令，创建蒙版，如图 8-11 所示。

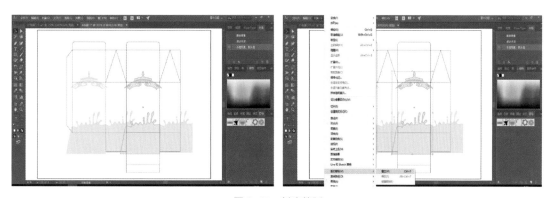

图 8-11　创建蒙版

⑦步骤 7。

用同样的方法，依次将每个面的图形创建蒙版。然后选取所需图形同时按【Ctrl+G键】编组图形，并将其拖至适当的位置，如图 8-12 所示。

⑧步骤 8。

选择【文件】→【置入】命令，弹出【置入】对话框，选择产品图片，单击【置入】按钮，将素材置入页面中，如图 8-13 所示。

⑨步骤 9。

按住【Alt 键】的同时分别将图形拖至合适的位置，复制图形，如图 8-14 所示。

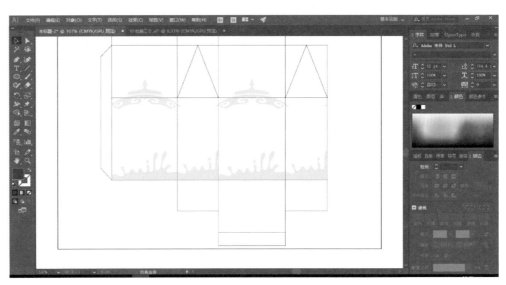

图 8-12 将图形拖至合适位置

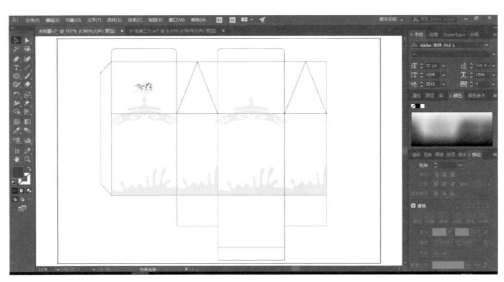

图 8-13 置入素材

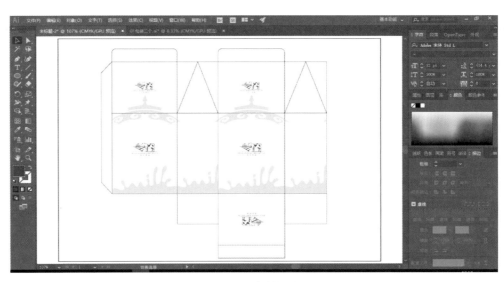

图 8-14 复制图形

⑩步骤 10。

选择【文件】→【置入】命令，弹出【置入】对话框，选择产品图片，单击【置入】按钮，将素材置入页面中，如图 8-15 所示。

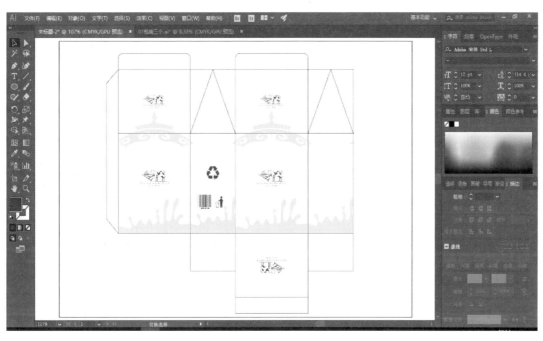

图 8-15　置入素材

⑪步骤 11。

选择【椭圆】工具，绘制一个圆，如图 8-16 所示。

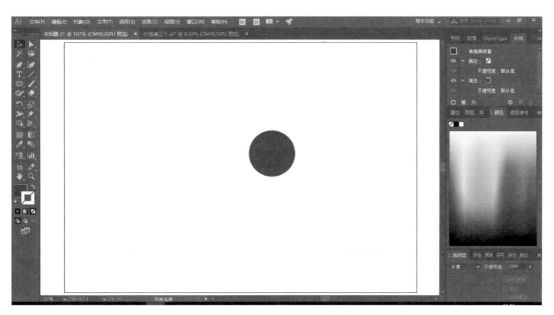

图 8-16　绘制圆

⑫步骤 12。

选择【文字】工具输入文本，同时选定所需图形，按【Ctrl+G 键】编组图形，如图 8-17 所示。

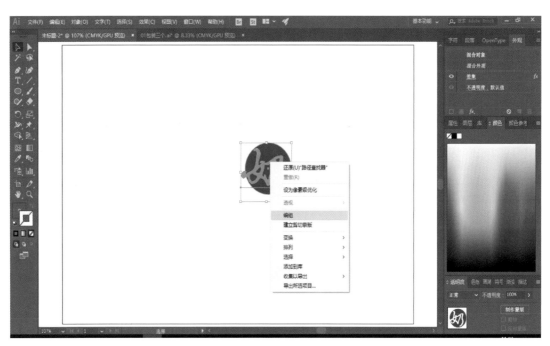

图 8-17　编组图形

⑬步骤 13。

选中当前所需对象，选择【效果】→【路径查找器】→【差集】命令，如图 8-18 所示。

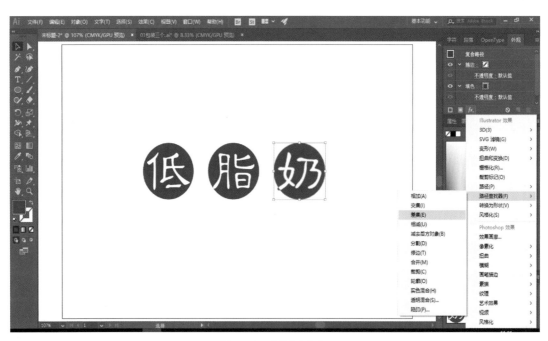

图 8-18　【差集】命令

⑭步骤 14。

调整编辑的图形大小，并拖曳至适当位置，如图 8-19 所示。

4. 实物展示

牛奶包装设计的实物展示如图 8-20 所示。

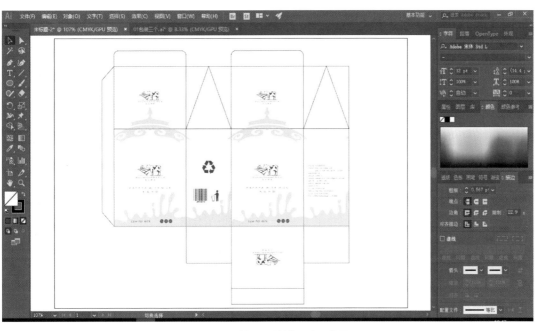

图 8-19　编辑图形并放至合适位置

图 8-20　牛奶包装设计实物展示

同样的方法可以设计出如图 8-21 所示的包装。

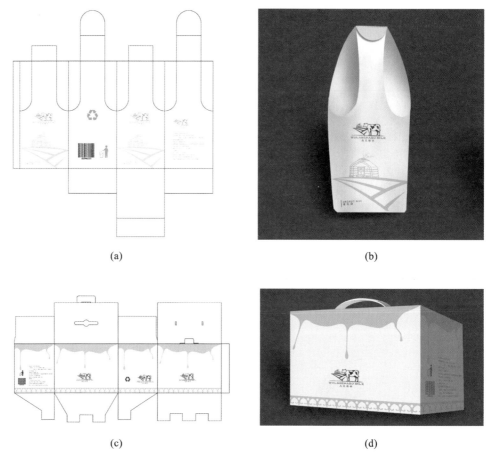

(a)　　　　　　　　　　　　　　　　　(b)

(c)　　　　　　　　　　　　　　　　　(d)

图 8-21　包装设计

实践——旅游纪念品包装设计

1. 案例分析

旅游纪念品是否有市场，是否受顾客的欢迎，其包装设计占据了很大的因素。旅游纪念品的包装设计不仅要反映当地特色，还要结合当地的旅游市场、顾客的消费心理，更要体现人文景观、风土人情，因此设计师要对旅游纪念品包装设计进行精准的定位使其符合当地的旅游市场的需求和顾客的消费心理。

2. 设计理念

玄米茶是日本风味饮品，它既有日本传统绿茶淡淡的幽香，又蕴含特制的烘炒米香。茶、米香气有机交融，无论是味道、香气，还是营养价值堪比传统绿茶饮料。因此选用日本特色的图案作为包装的主体图案，并选用有日本特色的"歌舞伎"图案作为包装的点缀。

3. 操作步骤

玄米茶的包装设计步骤如下所示。

①步骤 1。

按【Ctrl+N 键】新建一个 A4 大小的文档，【取向】为"横向"，点击【创建】。
选择【钢笔】工具，绘制一个不规则图形，如图 8-22 所示。

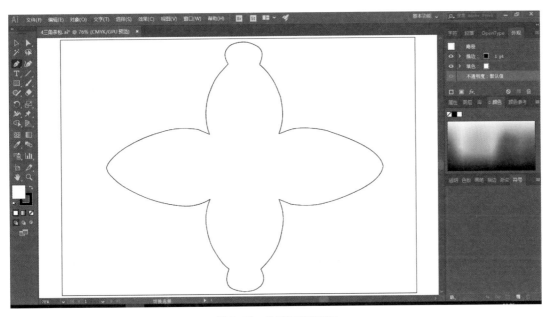

图 8-22　绘制不规则图形

②步骤 2。

选择【文件】→【置入】命令，弹出【置入】对话框，选择产品图片，单击【置入】
按钮，将素材置入页面中，如图 8-23 所示。

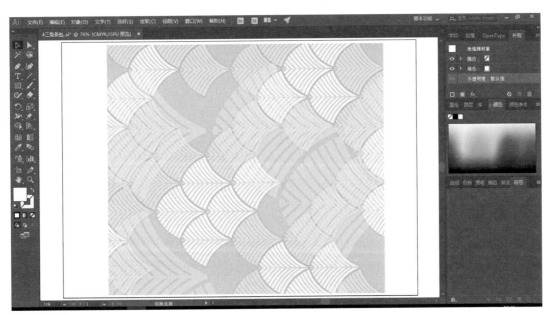

图 8-23　置入素材

③步骤 3。

选定置入的图形，点击鼠标右键，选择【排列】→【后移一层】命令，或按【Ctrl+[键】，将图象后移一层，如图 8-24 所示。

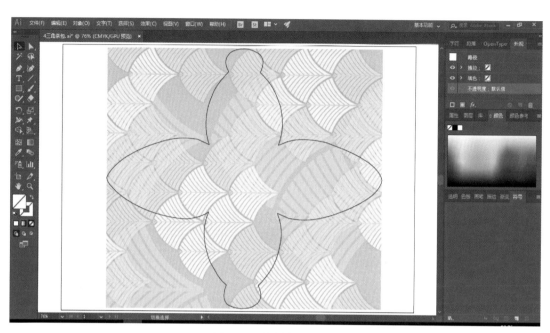

图 8-24　将素材后移一层

④步骤 4。

选择【矩形】工具，绘制一个矩形，按【Alt 键】将该矩形复制并将其拖至适当的位置，选中当前所有对象，选择【对象】→【创建蒙版】→【建立】命令，创建蒙版，如图 8-25 所示。

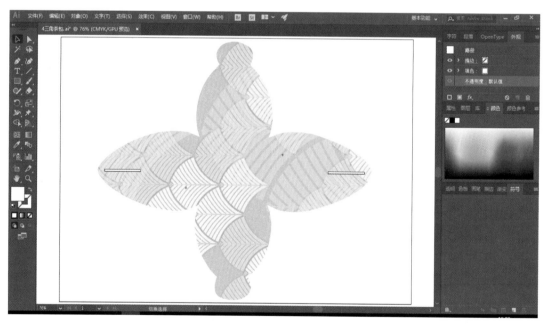

图 8-25　创建蒙版

⑤步骤 5。

选取所需图形，同时按【Ctrl+G 键】组合将图形编组，如图 8-26 所示。

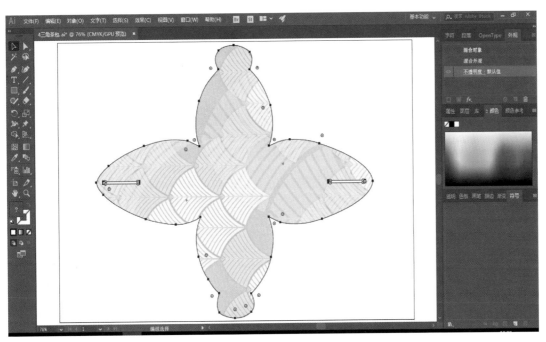

图 8-26 编组图形

⑥步骤 6。

选定当前对象，选择【效果】→【路径查找器】→【差集】命令，如图 8-27
所示。

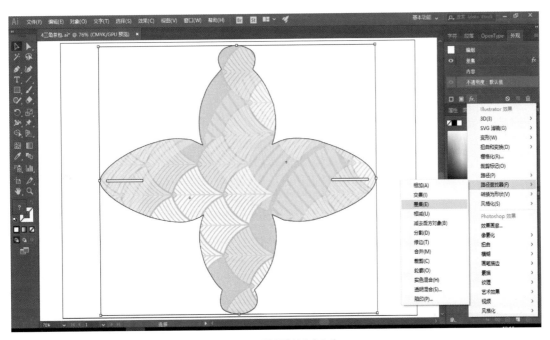

图 8-27 选择【差集】命令

⑦步骤 7。

选择【文件】→【置入】命令，弹出【置入】对话框，选择产品图片，单击【置入】
按钮，将素材置入页面中，如图 8-28 所示。

⑧步骤8。

按住【Alt 键】复制置入的图片，并将其拖曳至适当位置，重复置入操作，如图 8-29 所示。

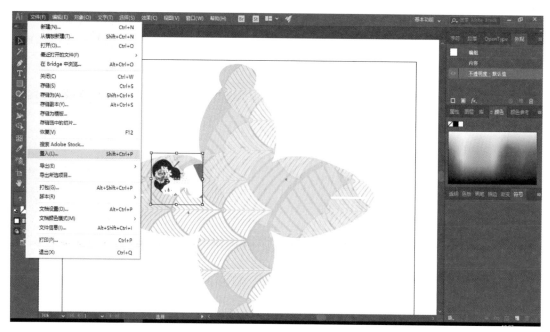

图 8-28　置入素材

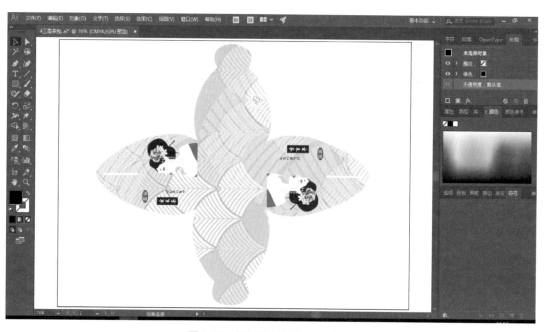

图 8-29　复制图片并重复置入操作

⑨步骤9。

选择【文字】工具，在适当位置输入文本，如图 8-30 所示。

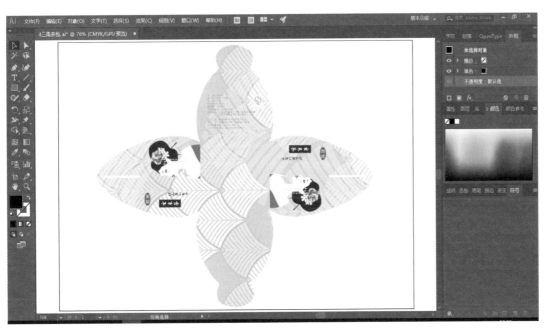

图 8-30　输入文本

4. 实物展示

玄米茶的包装设计实物展示如图 8-31 所示。

图 8-31　玄米茶的包装设计实物展示

同样的方法可以设计出如图 8-32 所示的其他类型的包装设计以及图 8-33 所示的手提袋包装设计。

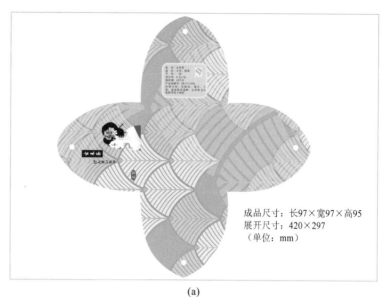

成品尺寸：长97×宽97×高95
展开尺寸：420×297
（单位：mm）

(a)

成品尺寸：长123×宽172×高35
展开尺寸：420×297
（单位：mm）

(b)

图 8-32　其他类型的包装

图 8-33　手提袋设计

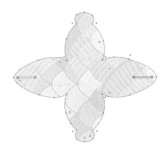

参考文献
References

[1] 周建国，王社. llustrator CS6 平面设计案例教程 (微课版)[M]. 北京：人民邮电出版社，2018.

[2] 张丕军，杨顺花，张婉. 中文版 Illustrator CS6 平面设计全实例 [M]. 北京：海洋出版社，2013.

[3] 李金明，李金蓉. Illustrator CC 完全自学手册 [M]. 北京：人民邮电出版社，2015.

[4] 李静. 中文版 Illustrator CC 2015 平面设计实用教程 [M]. 北京：清华大学出版社，2016.

[5] Adobe 公司. Adobe Illustrator CC 经典教程 [M]. 北京：人民邮电出版社，2014.